高等职业教育艺术设计"十二五"规划教材

ART DESIGN SERIES

# 实用装饰工程预算

## Decoration Project Budget Course 教程

余学伟 余鲁 余航 编著

国家一级出版社
全国百佳图书出版单位

西南师范大学出版社
XINAN SHIFAN DAXUE CHUBANSHE

图书在版编目（ＣＩＰ）数据

实用装饰工程预算教程/余学伟, 余鲁, 余航编著.-重庆：西南师范大学出版社，2006.8 (2018.2重印)
全国高职高专艺术设计专业教材
ISBN 978-7-5621-3656-9

I.实... II.①余... ②余... III.建筑装饰－建筑预算定额－高等学校：技术学校-教材 IV.TU723.3

中国版本图书馆CIP数据核字(2006)第068143号

丛书策划：李远毅　　王正端

高等职业教育艺术设计"十二五"规划教材
主　　编：沈渝德

实用装饰工程预算教程　余学伟 余鲁 余航 编著
SHIYONG ZHUANGSHI GONGCHENG YUSUAN JIAOCHENG

责任编辑：戴永曦
整体设计：王正端

西南师范大学出版社(出版发行)
地　　址：重庆市北碚区天生路2号　　　　邮政编码：400715
本社网址：http://www.xscbs.com　　　电　话：（023）68860895
网上书店：http://xnsfdxcbs.tmall.com　　传　真：（023）68208984

经　　销：新华书店
排　　版：重庆海阔特数码分色彩印有限公司
印　　刷：重庆长虹印务有限公司
开　　本：889mm×1194mm　1/16
印　　张：7
字　　数：224千字
版　　次：2009年1月 第2版
印　　次：2018年2月 第8次印刷
ISBN 978-7-5621-3656-9
定　　价：29.00元

# 序
## Preface 沈渝德

职业教育是现代教育的重要组成部分，是工业化和生产社会化、现代化的重要支柱。

高等职业教育的培养目标是人才培养的总原则和总方向，是开展教育教学的基本依据。人才规格是培养目标的具体化，是组织教学的客观依据，是区别于其他教育类型的本质所在。

高等职业教育与普通高等教育的主要区别在于：各自的培养目标不同，侧重点不同。职业教育以培养实用型、技能型人才为目的，培养面向生产第一线所急需的技术、管理、服务人才。

高等职业教育以能力为本位，突出对学生能力的培养，这些能力包括收集和选择信息的能力、在规划和决策中运用这些信息和知识的能力、解决问题的能力、实践能力、合作能力、适应能力等。

现代高等职业教育培养的人才应具有基础理论知识适度、技术应用能力强、知识面较宽、素质高等特点。

高等职业艺术设计教育的课程特色是由其特定的培养目标和特殊人才的规格所决定的，课程是教育活动的核心，课程内容是构成系统的要素，集中反映了高等职业艺术设计教育的特性和功能，合理的课程设置是人才规格准确定位的基础。

本艺术设计系列教材编写的指导思想是从教学实际出发，以高等职业艺术设计教学大纲为基础，遵循艺术设计教学的基本规律，注重学生的学习心理，采用单元制教学的体例架构，使之能有效地用于实际的教学活动，力图贴近培养目标、贴近教学实践、贴近学生需求。

本艺术设计系列教材编写的一个重要宗旨，那就是要实用——教师能用于课堂教学，学生能照着做，课后学生愿意阅读。教学目标设置不要求过高，但吻合高等职业设计人才的培养目标，有足够的信息量和良好的实用价值。

本艺术设计系列教材的教学内容以培养一线人才的岗位技能为宗旨，充分体现培养目标。在课程设计上以职业活动的行为过程为导向，按照理论教学与实践并重、相互渗透的原则，将基础知识、专业知识合理地组合成一个专业技术知识体系。理论课教学内容根据培养应用型人才的特点，求精不求全，不过多强调高深的理论知识，做到浅而实在、学以致用；而专业必修课的教学内容覆盖了专业所需的所有理论，知识面广、综合性强，非常有利于培养"宽基础、复合型"的职业技术人才。

现代设计作为人类创造活动的一种重要形式，具有不可忽略的社会价值、经济价值、文化价值和审美价值，在当今已与国家的命运、社会的物质文明和精神文明建设密切相关。重视与推广设计产业和设计教育，成为关系到国家发展的重要任务。因此，许多经济发达国家都把发展设计产业和设计教育作为一种基本国策，放在国家发展的战略高度来把握。

近年来，国内的艺术设计教育已有很大的发展，但在学科建设上还存在许多问题。其表现在缺乏优秀的师资、教学理念落后、教学方式陈旧，缺乏完整而行之有效的教育体系和教学模式，这点在高等职业艺术设计教育上表现得尤为突出。

作为对高等职业艺术设计教育的探索，我们期望通过这套教材的策划与编写构建一种科学合理的教学模式，开拓一种新的教学思路，规范教学活动与教学行为，以便能有效地推动教学质量的提升，同时便于有效地进行教学管理。我们也注意到艺术设计教学活动个性化的特点，在教材的设计理论阐述深度上、教学方法和组织方式上、课堂作业布置等方面给任课教师预留了一定的灵动空间。

我们认为教师在教学过程中不再是知识的传授者、讲解者，而是指导者、咨询者；学生不再是被动地接受，而是主动地获取，这样才能有效地培养学生的自觉性和责任心。在教学手段上，应该综合运用演示法、互动法、讨论法、调查法、练习法、读书指导法、观摩法、实习实验法及现代化电教手段，体现个体化教学，使学生的积极性得到最大限度的调动，学生的独立思考能力、创新能力均得到全面的提高。

本系列教材中表述的设计理论及观念，我们充分注重其时代性，力求有全新的视点，吻合社会发展的步伐，尽可能地吸收新理论、新思维、新观念、新方法，展现一个全新的思维空间。

本系列教材根据目前国内高等职业教育艺术设计开设课程的需求，规划了设计基础、视觉传达、环境艺术、数字媒体、服装设计五个板块，大部分课题已陆续出版。

为确保教材的整体质量，本系列教材的作者都是聘请在设计教学第一线的、有丰富教学经验的教师，学术顾问特别聘请国内具有相当知名度的教授担任，并由具有高级职称的专家教授组成的编委会共同策划编写。

本系列教材自出版以来，由于具有良好的适教性，贴近教学实践，有明确的针对性，引导性强，被国内许多高等职业院校艺术设计专业采用。

为更好地服务于艺术设计教育，此次修订主要从以下四个方面进行：

完整性：一是根据目前国内高等职业艺术设计的课程设置，完善教材欠缺的课题；二是对已出版的教材在内容架构上有欠缺和不足的地方进行补充和修改。

适教性：进一步强化课程的内容设计、整体架构、教学目标、实施方式及手段等方面，更加贴近教学实践，方便教学部门实施本教材，引导学生主动学习。

时代性：艺术设计教育必须与时代发展同步，具有一定的前瞻性，教材修订中及时融合一些新的设计观念、表现方法，使教材具有鲜明的时代性。

示范性：教材中的附图，不仅是对文字论述的形象佐证，而且也是学生学习借鉴的成功范例，具有良好的示范性，修订中对附图进行了大幅度的更新。

作为高等职业艺术设计教材建设的一种探索与尝试，我们期望通过这次修订能有效地提高教材的整体质量，更好地服务于我国艺术设计高等职业教育。

# 前言
## Foreword

随着建筑装饰行业的蓬勃发展和相关规范的不断完善，能否准确地编制装饰工程造价将在整个装饰行业中起着十分重要的作用。装饰工程预算的准确性将直接影响到建筑装饰企业的经济效益和社会效益。因此，建筑装饰工程预算也越来越受重视，在建筑装饰行业的发展中占有举足轻重的地位。

装饰工程预算是高职高专室内设计专业的必修课程之一，具有其较强的综合性和实用性、专业理论性及技术操作性。根据装饰行业对设计人才的要求，开设装饰工程预算课程，积极培养学生对装饰工程造价方法、预算的标准化和规范化等专业素质。

作为室内设计方向教材之一，本教材按照高职高专建筑装饰类有关专业课程教学大纲的要求，根据国家新颁布的《全国统一建筑装饰工程预算定额》、《全国室内装饰工程预算定额》、2000年《重庆市装饰工程计价定额》、《重庆市建设工程费用定额》，并参考部分装饰工程施工图预算编制实例编写而成。本教程以教学大纲和教案的形式编写，以装饰工程预算概述、装饰工程预算的构成、装饰工程预算定额、装饰工程的分项及工程量计算、装饰工程施工图预算的编制五个板块为基本构架，并拟定了具体教学单元相应的教学目标及要求，适合于实际教学之用。

本教程在编写过程中，参考了许多书籍和资料。在此，一并向作者们致以最诚挚的谢意！

由于编者本身水平能力有限，书中难免存在错误或不足，恳请有关专家、学者和广大读者不吝赐教，以便修订完善。

# 目录
## Contents

**教学导引 1**

**第一教学单元 装饰工程预算概述 3**

一、建筑装饰与建筑装饰工程 3
二、建筑装饰工程的特点 4
三、建筑装饰工程预算的概念 5
四、建筑装饰工程预算的分类 5
五、建筑装饰工程预算的形式 6
六、建筑装饰工程预算的作用 8
单元教学导引 10

**第二教学单元 装饰工程预算的构成 11**

一、装饰工程费用的构成情况 11
二、装饰工程类别划分标准 15
三、装饰工程费用的费率标准 15
四、施工组织措施费 16
单元教学导引 19

**第三教学单元 装饰工程预算定额 20**

一、装饰工程预算定额的概述 20
二、装饰工程预算定额的确定方法 21
三、装饰工程预算定额的编制 23
四、装饰工程预算定额的组成与应用 25
单元教学导引 37

**第四教学单元 装饰工程的分项及工程量的计算 38**

一、装饰工程分部分项 38
二、装饰工程工程量的计算 39
三、楼地面工程量的计算 40
四、墙、柱面工程量的计算 41
五、顶棚工程量的计算 43
六、门窗工程量的计算 44
七、油漆、涂料工程量的计算 46

八、其他装饰工程量的计算 47
九、建筑装饰工程量计算实例 47
单元教学导引 60

**第五教学单元 装饰工程施工图预算的编制 61**

一、装饰工程施工图预算编制的依据及作用 61
二、装饰工程施工图预算的编制方法 62
三、装饰工程施工图预算的编制步骤 62
四、装饰工程施工图预算的审核 64
五、编制装饰工程施工图预算审查的依据、步骤及内容 66
六、装饰工程施工图预算实例 67
单元教学导引 86

**第六教学单元 装饰装修工程工程量清单与计价 87**

一、装饰装修工程工程量清单 87
二、装饰装修工程工程量清单计价 92
单元教学导引 102

后记 87
主要参考文献 87

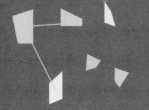

# 教学导引

## 一、教程基本内容设定

本教程基本内容的设定以装饰工程行业的发展趋势为主要依据，着力体现出鲜明的实用特点。总体划分为"装饰工程预算概述""装饰工程预算的构成""装饰工程预算定额""装饰工程的分项及工程量计算""装饰工程施工图预算的编制"五个教学单元。

## 二、教程预期达到的教学目标

学生通过学习了解装饰工程预算的基本概念及基础理论；了解掌握装饰工程预算的特点和分类，以及它在装饰工程中的重要作用；了解掌握装饰工程预算的原则；基本掌握装饰工程预算的规则、计算方法和预算书的编写，并能在今后的实际工程中较好地利用所学知识和技能，完成各项工程任务。本教程着重培养学生的技能及实际运用能力。

## 三、教程的基本体例构架

本教程严格按照教学大纲确立教程的体例结构，根据装饰工程预算的实际应用采用单元制。在课程运行的总学时基础上，把整个教学分为几个内容不同但相互衔接的教学单元，为教师教学活动的实施及学生的学习训练提供一个合理的教学模式及运行方法，并在每个单元中以单元教学测试、单元教学课题、单元教学目标、单元教学要求、教学过程中应把握的重点、注意事项、结束小结、为学生提供的思考题、学生课余时间作业练习、参考书目及网站、单元作业题等组成构架形式。

## 四、教程实施的基本方式与手段

以教师讲授、示范、利用多媒体教学和学生完成相关作业相结合的基本方式和手段实施教学。

教师讲授是一种传统的教学方式，但与过去不同的是教师在教学过程中不仅仅是传授知识，更应该传授设计的新理论、新观念、新表现、新方法，这是现代教师更重要的职责，因为装饰工程预算是一门时段性很强、变化性很快的实用技术，因此，教师传授的观念与知识更为重要。

示范在现代教学活动中有着重要的引导与启迪作用。教学中教师不仅可以引用有代表性的装饰工程来佐证观点，还可以通过示范有效地推动教学活动的进程，激发学生的学习热情与提升学生的心智。

多媒体教学是现代教学中一个重要的教学手段。由于装饰工程预算是一门时段性很强、变化性很快的实用技术，因而只有借案例才能传递知识、阐述理念、介绍技巧，提高工作效率及装饰工程预算的准确性，有效地达到教学目标。

让学生完成相关作业是培养应用型设计人才动手能力的极为重要的教学手段，犹如理工科学生做实验一样重要，光动脑动嘴而不动手是培养不出真正具有很强专业实作能力的人才。作业命题设计应该有助于学生专业能力的提升，其中包括思维能力，也包括运作把握能力。任课教师对学生作业的指导也是保证作业水准的重要环节。

## 五、教学部门如何实施本教程

本教程是一本相对规范、适合教学部门使用的教材，它最根本的作用就是能规范高职高专设计教学活动，使之趋于规范化、有序化、科学化。任课教师可以此为范本准备教案，按各教学单元组织教学，并让学生按教材内容进行自学。重点在于培养学生的实际技能。

学生有了本教程后，能对本课程的教学目的及实施过程有一个清晰的把握，从而做到心中有数地主动学习，在课余时间按教材内容进行自学，并做相关的作业练习。同时，本教程为教师的教学活动提供了一个客观依据，借此可评价任课教师的教学质量。

## 六、教程实施的总学时设定

根据各专业美术院校和普通高校美术院系的教学计划，总学时可以设定在32～48学时之间。各院校可根据自身情况的不同作适度的调整。

## 七、任课教师把握的弹性空间

任课教师可根据本校教学计划的学时数、学生的能力及自己的教学经验等来对教学单元进行详讲或略讲的分配，或增减改换某些作业，目的是更好地达到本教程的教学目标。

本教程为任课教师预留的弹性空间体现在如下几个方面：

首先在教学设计理论层面表述上，本教程不求全求深，重点突出，简洁明确，为任课教师对设计理论的表述留下了很大的空间。教师可以以本教程理论表述为基础，作更深入的理论层面的阐述，并结合成功的设计范例作形象化的表达，使理论表述生动形象，具有更好的说服力。

其次，在教学组织方式上本教程未做任何具体的规范，为任课教师留下了很大的自由度。教学组织运作方式是确保教学活动有效推进的组织措施，也是有效调动学生学习积极性、创造良好的学习氛围的手段。不同个性的教师有不同的组织教学的行为方式，任课教师可采用自己熟悉并行之有效的组织运作方式组织教学活动。单独作业也好，小组协同也行；个体交流也好，集体互动也行，全凭任课教师视教学的需要而决定采取何种方式。

最后，在单元作业命题的设计上，本教程虽然作了明确的单元作业命题，并对作业命题的设定理由作了简要的阐述，但同时也为任课教师准备了可供选择的备选题。

# 装 饰 工 程 预 算 概 述

## 一、建筑装饰与建筑装饰工程

### （一）什么是建筑装饰

建筑装饰是指用装饰材料对建筑物、构筑物的外表和内部进行美化修饰处理的工程建筑活动，是建筑的物质功能和精神功能得以实现的关键。它主要以美学原理为依据，以各种装饰材料为基础，运用一定的施工工艺和施工技巧来制作完成室内外建筑装饰艺术作品，是建筑、构造的重要组成部分。建筑装饰不仅表达了空间环境的性质、目的和用途，还表现出使用者的身份、地位和审美趣味等。其内容集中体现了人类文化的各个方面，从日常生产、生活到思想意识，都以各种不同的形式表现在建筑装饰中。例如，在中国古典建筑中，鱼的图形象征着"年年有余"，常常用在厨房里，表达人们对未来生活的祝愿。还有寓意"吉祥如意"的装饰图案等，这些都反映了一定时期人们的思想、感情和审美方式，传递着一定的文化信息。人将文化内涵投射到其所生活的建筑环境中，就把一个无生命、无意义的物象升华为一个有情有义的空间，这一切，正是通过建筑装饰的现实存在和社会功用的完整性而实现的。

### （二）什么是建筑装饰工程

建筑装饰工程是指通过装饰设计、施工管理等一系列建筑工程活动,在建筑表面,对其各个不同部位施以不同装饰材料进行装点修饰,满足人们的生活功能和视觉审美等需求的系统工程。如裱糊、涂料、刷浆、抹灰、饰面（镶贴面）、隔断、吊顶以及门窗、玻璃、罩面板和花饰的安装等。建筑装饰工程能够增强建筑物的使用、美观和艺术性等方面的功能；能够改善建筑围护结构的物理性能（如防火、防潮、防腐、保温、隔热、隔声等）；能够通过装饰层使建筑物免受自然和人为因素的侵蚀与干扰,提高围护结构的耐用性；能够改善室内采光、通风等条件；能够使室内墙面与地面耐磨、耐酸和便于清洁等。营造一个更加舒适宜人的生活、学习、工作、娱乐环境,提高生活质量,满足人们精神上的需要（精神功能）及使用上的需要（物质功能）,始终是建筑装饰工程的目的。

## 二、建筑装饰工程的特点

建筑装饰工程活动,除了具有项目繁多、工程量大、施工工期长、造价高、耗用劳动力多这些主要特点以外,还具有如下特点：

### （一）独立性和依附性

建筑装饰工程是建筑空间形态中的再创造,即是依附于建筑土木工程主体完工后,再进行装饰施工的运行组合。它与原建筑是不可分割的一个整体,是建筑设计的继续。从基本概念上讲,建筑装饰工程与建筑设计是一致的,同时也是相辅相成的。不同的是,建筑装饰工程的设计与施工相对独立,主要表现为当土木工程主体完工后,仍然需要作装饰设计与施工,即所谓的二次设计与施工。但两者又不可分离,装饰工程必须依附于主体工程。因此,不能把建筑装饰工程与土建工程进行简单分割,必须加深对原建筑工程结构和功能的理解,准确把握土建工程的结构,从而进一步深化创造形成新的建筑装饰空间环境,满足人们在物质使用功能和精神品味的需要,使建筑空间环境更具审美的价值。

### （二）个性化与共性化

由于人们对生活的品位、审美、风格、民族、文化传统等需求的不同,以及其他各种复杂因素对装饰行业的影响,建筑装饰工程呈现出多样性和极强的个性化发展状态。就目前国内建筑装饰工程的现状来看,笔者认为很难用一种统一的模式进行装饰工程的设计与施工。但另一方面,装饰工程进行也有其自身的固有的规律,共性依然存在。因此,倡导工业化施工,加快工程进度,降低成本已成为发展的一个趋势。

### （三）装饰施工的精致性

在室内装饰工程和建筑装饰工程活动中,由于视距较近,因此,要求装饰施工精巧而细致,局部处理变化丰富多彩,只有这样才能给人以美感,体现出一定的设计思想和文化内涵。否则,就达不到装饰的目的。

### （四）复杂性与简单并存

装饰工程的施工、装饰样式、装饰材料、工艺方法等各不相同,使装饰工程具有复杂性这一特点。例如装饰材料在性质、工艺、规格、颜色、花纹、价格等方面的差异较大，材料的推陈出新，有的施工工艺难度大，施工质量要求高等，这一系列因素导致装饰工程变得复杂。但是，工业化施工的不断发展和新工艺的涌现，又使装饰工程的发展呈现简单化的趋势。针对这一现象，有人曾提出一些简化措施，如提高装饰工程的工业化施工水平；发展新型装饰材料；多采用干法施工；强化施工工艺的完善，尽可能采用新工艺施工，广泛应用胶粘剂和涂料，以及喷涂、滚涂和弹涂等新工艺。

### （五）造价高低悬殊

经济基础的差异、对建筑装饰的不同需要等各种因素导致装饰工程的造价差别显著。通常来说，装饰工程的造价约占造价总额的30%～50%，当中存在着大幅度的变化，给装饰工程的预算准确造成了很大的困难。

## 三、建筑装饰工程预算的概念

建筑装饰工程预算是指在事先确定的装饰工程从开工到竣工的过程中，根据不同的设计阶段、设计文件的具体内容和国家规定的定额指标以及各种取费标准，预先计算每项新建、扩大、改建和重建工程中的装饰工程所需的投资金额的经济技术文件，即确定装饰工程预算造价的经济技术文件。具体地讲，是指设计单位根据建设单位（业主）对工程提出的要求进行设计，并按国家相关编制预算的规定编制施工图进行预算；施工单位根据承包商（业主）提供的施工图资料，结合施工方案、预算定额、取费标准、造价管理文件及价格信息等基础资料，计算出装饰工程的建造价格。

我国现行的设计和预算文件的编制以及管理方法对工业与民用建设工程项目做出了相应的规定：

1. 两阶段设计的建设项目：设计的最初阶段须编制设计概算，施工图设计阶段须编制施工图预算。

2. 三阶段设计的建设项目：初步设计、施工图设计阶段须编制相应的概算和施工图预算，技术设计阶段须编制修正概算。

## 四、建筑装饰工程预算的分类

建筑装饰工程预算的分类目前主要有两种方法，一是按装饰部位预算划分，二是按装饰工程的进展阶段划分。目前最常用的是后者，即按装饰工程的进展阶段划分。

### （一）按装饰部位划分

建筑装饰工程预算按装饰部位的不同可分为室内装饰工程预算和室外装饰工程预算。

#### 1. 室内装饰工程预算

业主、承包商在装饰工程施工之前，为了掌握室内装饰工程建造价格而作的具有经济分析性质的文件就是室内装饰工程预算。室内装饰工程就是对建筑物的内部空间，如墙面、地面、天棚、门、窗等其他设施，作必要的装饰装修，来增强室内的使用功能和视觉艺术效果，满足人们的各种需求。

### 2．室外装饰工程预算

业主、承包商在装饰工程施工之前，为了掌握室外装饰工程所需材料等的建造价格而作出的具有经济分析性质的文件就是室外装饰工程预算。室外装饰工程是对建筑物的各个外部，如窗户、大门、墙体、腰线、檐口、勒脚等部位作必要的装饰，以增强建筑外部的视觉艺术效果，满足城市规划等方面的需要。

### （二）按装饰工程的进展阶段划分

建筑装饰工程按装饰工程的进展阶段不同可分为装饰工程概算和施工图预算（又称装饰工程预算）。

### 1．装饰工程概算

装饰工程概算是指在装饰工程的初步设计阶段，以设计图及概算定额或概算指标及其相应配套造价文件和规定作为主要计算的依据，对拟建的装饰工程装修建设所需要的费用（投资金额）进行的概算、估算或报价。

### 2．施工图预算

施工图预算是指在装饰工程施工图阶段，主要以装饰施工图与预算定额作为计算依据，对所建的装饰工程的造价进行较为准确的预算或报价。所谓装饰工程施工图，是指在装饰工程施工前，在图纸上所拟定的装饰造型样式、装饰材料、装饰工艺、装饰要求等。还可以将其理解为是设计人员将头脑中所构思创意的建筑装饰造型式样、材料、做法、色彩及相关要求等内容，根据建设单位（业主）所确定的装饰标准、要求以及设计规范表示在图纸上的一种图示语言。施工必须严格按照装饰工程施工图执行。

## 五、建筑装饰工程预算的形式

按照基本建设阶段和编制依据的不同，建筑装饰工程投资文件可分为工程估算、设计预算、施工图预算、施工预算和竣工决算等五种形式。

### （一）工程估算

工程估算是指根据设计任务书规划的工程规模，依照概算指标确定工程投资额、主要材料用量等经济指标。它是设计任务书的主要内容之一，也是审批项目、立项的主要依据之一。

### （二）设计预算

设计预算是指在装饰工程初步设计阶段，由设计单位根据初步设计或扩大初步设计图纸、预算定额或预算指标、各项费用定额或取费标准等有关资料，预先对计算和确定建筑装饰工程费用所需的投资额进行的概算、估算或报价的文件，又称设计概算。设计预算是控制工程建设投资、编制工程计划的依据，也是确定工程投资最高限额和分期拨款的依据。设计预算文件应包括建设项目总预算、单项工程综合预算、单位工程以及其他工程的费用预算。设计单位在报送设计图纸的同时，还需要报送相应种类的设计概算。

### （三）施工图预算

施工图预算是指在工程开工之前，设计及施工单位（承包商）按照施工图确定的工程内容和工程量，施工方案及规定的预算定额、取费标准、造价信息等配套文件，经计算得出的装饰工程所需的全部费用即工程总造价的经济性文件。施工图预算是确定工程施工造价、签订承建合同、实行经济核算、进行拨款决算、安排施工计划、核算工程成本的主要依据，也是工程施工阶段的法定经济文书。它关系到国家、集体和个人的切身利益，必须准确，高估或是低估都会给相关各方带来无法预计的损失。

施工图预算的内容主要包括单位工程总预算、分部和分项工程预算、其他项目及费用预算三部分。

### （四）施工预算

施工预算是施工单位内部编制的一种预算，是指施工阶段在施工图预算的控制下，根据计算的工程、施工定额、单位工程施工组织设计等资料，通过工料分析，预先计算和确定完成一个单位工程或其中的分部工程所需的分工、材料、机械台班消耗量及其相应费用的经济性文件。施工预算是签发施工任务单、定额领料、开展定额经济包干、实行按劳分配的依据，同时也是施工企业开展经济活动分析和进行施工预算与施工图预算对比的依据。

施工预算的主要内容包括工料分析、构件加工、材料消耗量、机械台班等分析计算材料，适用于劳动力组织、材料储备、加工订货、机具安排、成本核算、施工调度、作业计划、下达任务、经济包干、定额领料等项管理工作。

施工图预算直接控制施工预算，二者的主要区别见表1-1：

表1-1　施工图预算与施工预算的区别

| 名　称 | 预算主要内容 | 算　法 | 应用范围 |
|---|---|---|---|
| 施工图预算 | 人工费、材料费、机械费、临时设施费、现场管理费、包干费、其他直接费、企业管理费、财务费、劳动保险费、税金、利润 | 按施工图及定额规定 | 对外招、投标 |
| 施工预算 | 人工费、材料费、机械费、临时设施费、现场管理费、包干费、其他直接费、企业管理费、财务费、劳动保险费 | 按施工图 | 施工单位内部 |

### （五）竣工决算

竣工决算是指建筑装饰工程竣工后，根据工程实际完成的情况，按照施工图预算的规定，所编制的由开始筹建装饰工程到其全部竣工后的所有费用支出的经济文书。它是由施工单位编制的最终付款凭证，经建设单位和承建该项工程的银行审核无误后即可生效。竣工决算是反映竣工项目建设成果的经济性文件，是考核其投资效果的主要依据，是办理交付、运用、验收的重要根据，是竣工验收报告的重要组成部分。应与"竣工结算"这一概念区别开来。竣工结算是指施工单位按合同规定建成并交付工程给甲方后，向建设单位或业主进行最终的价款结算。二者在编制单位、编制范围和作用上都有区别。前者是建设单位根据整个装饰工程项目所编制的，是业主考核投资效果的依据；而后者则是由施工单位根据单位装饰工程所编制的，是承包商考虑成本、业主编制决算的依据。

# 六、建筑装饰工程预算的作用

装饰工程预算是通过编制预算的方法来确定装饰工程的建造价格，来体现计划经济向市场经济的转变，用市场经济的规律来调节装饰工程市场。装饰工程建造价格在供求关系的影响下，也必须以其价值为基础，实现其在市场经济条件下对建筑装饰工程市场的宏观调控。装饰工程预算对于提高装饰工程设计质量、节约和合理使用装饰资金、加强施工生产和流通领域的宏观指导、加强企业微观管理与经济核算、提高装饰投资效益、美化生活和居住环境等都有积极的作用。

### （一）设计预算的作用

1. 设计预算是承包商或业主筹集资金、拨款、贷款的依据，同时，也是施工现场监理控制装饰工程投资的根据。

2. 设计预算是以装饰工程的初步设计图纸及其相应的概算定额、指标为依据，编制装饰工程计划、控制装饰工程投资额的文件。设计预算用来控制投资的最高限额是其所确定的造价。

3. 设计预算是选择经济实用合理的装饰工程设计方案的依据。装饰工程设计往往有很多方案可供选择，但具体选用哪个方案，需要考虑众多因素，通过多方比较。其中，经济是非常重要的一点，需要综合各个方案预算投资以及其他方面的因素，才能够选择出既经济又合理的方案。

### （二）施工图预算的作用

施工图预算是技术准备工作的一个主要组成部分，它是由施工单位根据施工图纸计算的工程量、施工组织设计和国家或各地方主管部门规定的现行预算定额、单位估价表以及各项费用定额或取费标准等有关资料，预先计算和确定建筑装饰工程总费用的经济文书。其主要作用是：

1. 确定装饰工程造价；

2. 建设单位（业主）与施工单位（承包商）据此进行工程招标、投标、签订工程合同、办理工程拨款和竣工结算；

3．施工单位据此进行成本的核算；

4．施工单位据此编制施工组织设计。

### （三）施工预算的作用

施工预算是施工企业在施工图预算限额的控制下，通过对工料的分析，在施工组织设计中采用降低工程成本的技术与组织措施，对工程所需的人工、材料、机械台班消耗量及其他费用进行较详细准确的计算，以降低工程成本，提高劳动生产率，加强企业管理。其主要作用是：

1．施工项目经理据此向班组下达装饰工程施工任务和进行验收；

2．材料管理部门、劳动力组织部门主要根据施工预算编制劳动力需要量计划、材料供应计划、机具需要量计划；

3．施工班组据此实行限额领料、考核单位用工、班组进行经济核算；

4．班组责任承包任务据此实行，指导班组编制作业计划；

5．与施工图预算进行对比分析、有力控制成本。

# 单 元 教 学 导 引

| | |
|---|---|
| **目标** | 通过任课教师课堂讲授及相关作业练习，使学生初步了解装饰工程预算的概念，装饰工程与预算的基本类别，基本掌握装饰工程与预算的理论。在装饰工程与预算的基本理论和实际运用上有一定的认识与掌握，为后面单元的学习打下较好的基础。 |
| **重点** | 在诸多教学要点中，装饰工程与预算作用是应该把握的重点，因为只有清晰地把握住装饰工程与预算的作用，才能有效地把握住装饰工程与预算在装饰工程中不同的实用价值，根据不同的设计环境空间对装饰材料加以运用或在其基础上设计创作个性化的室内外装饰工程。认识是手段，运用是目的。 |
| **注意事项提示** | 1. 在对重点章节理论阐述上任课教师一定要讲透，把握轻重主次。只有突出重点，才能引导学生认识本单元教学的主要意图。<br>2. 教师讲授时应注意将理论讲授与实际实例相结合，最好运用多媒体教学方式，帮助学生形象直观地对课程内容加以理解把握。 |
| **小结要点** | 本单元是"装饰工程与预算概述"的基础理论知识，单元总结时首先要概述班级学生对本课程作为装饰工程预算基本概念理论课程重要性的认识是否到位，学习主动性如何，投入程度怎样。其次，判断学生对本单元教学重点是否已有很好的把握。 |

**为学生提供的思考题：**

1. 为什么要学习装饰工程预算？它与装饰工程有什么直接的因果关系？

2. 有人说对装饰工程预算的把握，是设计师不可缺少的专业基本素质之一，你认为这话对吗？

3. 装饰工程与预算的作用是本单元学习的重点，根据何在？

**为学生课余时间准备的作业练习题：**

以某建筑装饰工程为实例，初步了解掌握装饰工程与预算的基本概念原理。

**为学生提供的本单元的参考书目及网站：**

1.《建筑装饰工程预算》李怀芳 中国轻工业出版社

2.《建筑工程概预算教程》朱艳 邱芃 汤建华 中国建材工业出版社 2004

3.《装饰工程定额与预算》武育秦 杨宾 重庆大学出版社

4. http://www.jstvu.edu.cn/ptjy/jxjw/jzgcxyc/zsgczjdg1.htm

5. http://www.jianzhu114.cn/Soft/jzrj/200511/1672.html

**本单元作业命题：**

1. 什么是建筑装饰？建筑装饰工程的特点是什么？

2. 什么叫装饰工程预算？

3. 装饰工程预算如何划分？

4. 为什么说装饰工程施工图是装饰工程预算最重要的依据？

5. 施工图预算与施工预算有什么区别？为什么要作施工预算？

**作业命题设计的原由：**

工程预算是装饰工程最重要的、应用最广泛的依据，具有现实的实用价值，以建筑装饰工程为教学实例，要求学生课后进行笔答，以便初步了解掌握装饰工程预算基本概念、特征及作用，为今后在编制装饰工程预算时打下坚实的基础。

**命题作业的实施方式：**

采取课内与课外完成相结合的方式，以笔答的方式完成作业，便于学生在答题过程中更好地掌握装饰工程预算的基本概念理论与作用。

**单元作业小结要点：**

1. 评判班级学生对作业投入的认真程度，表扬好的作业，批评不好的作业。

2. 总结学生对装饰工程预算的基本概念与作用把握的程度，了解他们是否对装饰工程预算的基本概念与作用有了初步的了解。

**为任课教师提供的本单元相关作业命题：**

选择建筑装饰工程实例，分析建筑装饰工程预算与建筑装饰工程的基本特征与作用。

# 装 饰 工 程 预 算 的 构 成

## 一、装饰工程费用的构成情况

建筑装饰工程的施工需要投入大量的人力、物力资源。在整个建筑装饰工程中，有各种人力、材料、机械使用的价值，也有工人在施工中创造的新的价值，而这所有的价值又都体现在建筑装饰工程的费用中。

由于建筑装饰工程的费用所包含的项目繁多，因此计算复杂。建筑装饰工程的项目和生产的技术经济特点要求建筑装饰工程费用的构成、计算基础及取费标准等应当按照工程的类别、标准、区域、单位等级等具体因素的不同而做出相应的变化。事物是普遍联系并且相互影响的，这又要求建筑装饰工程的费用构成、取费标准等应随着时间的推移、生产力和科学技术水平的提高而发生相应的转变，以适应这一时期建筑装饰工程的产品价值。

建筑装饰工程费用构成如表 2-1：

表 2-1 装饰工程费用构成表

| 序号 | 费用名称 | 计算公式 |
|------|----------|----------|
| 一 | 装饰直接费 | 1+2+3+4+5+6+7+8 |
| 1 | 人工费 | 按定额计算 |
| 2 | 材料费 | (1)+(2) |
| (1) | 计价材料费 | 按定额 |
| (2) | 未计价材料费 | 按实 |
| 3 | 机械费 | 定额人工费 × 规定费率 |
| 4 | 临时设施费 | 定额人工费 × 规定费率 |
| 5 | 现场管理费 | 定额人工费 × 规定费率 |
| 6 | 其他直接费 | 定额人工费 × 规定费率 |
| 7 | 包干费 | 定额人工费 × 规定费率 |
| 8 | 其他按实调整费用 | |
| 二 | 间接费 | 9+10+11 |
| 9 | 企业管理费 | 定额人工费 × 规定费率 |
| 10 | 财务费用 | 定额人工费 × 规定费率 |
| 11 | 劳动保险费 | 定额人工费 × 规定费率 |
| 三 | 安全文明施工、成品保护费 | 定额人工费 × 规定费率 |
| 四 | 利润 | 定额人工费 × 规定费率 |
| 五 | 定额编制管理和劳动定额测定费 | （一＋二＋三＋四）× 规定费率 |
| 六 | 税金 | （一＋二＋三＋四＋五）× 规定费率 |

按国家现行规定，装饰工程预算的费用主要由直接费、间接费、利润、税金等几部分组成。

### （一）装饰直接费

直接费主要由人工费、材料费、机械使用费构成，它是指在建筑装饰工程施工中，直接被消耗在实体工程上的人工、材料、机械使用等各种费用的总称。通常以施工图纸、建筑装饰工程预算定额基价或地区单位估价表为依据，按照装饰工程分项工程来计算直接费。各分项工程的定额直接费用汇总加上其他直接费用，就是通常所说的装饰工程的直接费。其计算用下式表明：

直接费用 ＝ Σ（工程量 × 预算基价）

#### 1．人工费

所谓人工费，一般是指装饰工程施工的工人包括现场运输等辅助工人的基本工资、附加工资、工资性津贴、辅助工资和劳动保护费的总称。值得注意的是，人工费不应包含材料的保管费和采购、运输、机械操作及施工管理人员的工资。而上述这些费用，是分别计入其他有关的费用中的。用下式表示人工费的计算：

人工费 ＝ Σ（工程量 × 预算定额基价人工费）

#### 2．材料费

材料费通常是指在施工中耗费的构成建筑装饰工程实体的原料、辅料、配件、零件、半成品的费用以及周转性材料的推销费用。其计算用下式表示：

材料费 ＝ Σ（工程量 × 预算定额基价材料费）

#### 3．施工机械的使用费

施工机械的使用费通常是指在建筑装饰工程施工中，所消耗的各种机械的费用的总称。值得注意的是，施工管理和实行独立核算的加工厂所需的各种机械的费用不应计算在内。用下式表示其计算：

施工机械使用费 ＝ Σ（工程量 × 预算定额基价人工费）

#### 4．其他直接费

其他直接费，是指不包括在装饰工程定额直接费用中，但在实际施工过程中存在的直接性费用。它主要包括：

(1) 冬季施工增加费；

(2) 雨季施工增加费；

(3) 流动施工补贴费；

(4) 生产工具用具使用费；

(5) 检验试验费；

(6) 工程定位复测、工程点交、场地清理费。

#### 5．临时设施费

临时设施费是指施工单位在建筑工程施工过程中，必须使用到的临时建筑物、构筑物和其他临时设施等费用。

临时住房、文化福利及公用事业房屋与构筑物，施工现场必要的办公室、仓库、操作台，施工现场以内的临时道路、围墙、水、电以及其他动力管线等设施都属于临时设施。

### 6．现场管理费

现场管理费是指施工准备、组织施工生产和管理所需要的费用。

施工现场管理费包括：

(1) 施工现场管理人员的工资、补贴、福利、劳动保护等费用；

(2) 办公费，指施工现场管理办公用的文具、纸张、账簿、印刷、邮电、书报、会议、水、电等费用。

(3) 差旅交通费，指职工因公出差的旅费、住宿补贴费、交通费和误餐补贴费、探亲路费、人力招募费、离退休退职一次性路费、工伤就医费、工地转移以及现场管理所使用交通工具的油料、燃料、养路及牌照等费用。

(4) 固定资产使用费，指在现场管理及试验部门中，所使用的属于固定资产的设备、仪器等的折旧、大修理、维修或租赁的费用。

(5) 工具使用费，指在现场管理中，所使用的不属于固定资产的工具、器具、家具、交通工具以及用于检验、试验、测绘、消防等的器具的购置、维修和摊销的费用；

(6) 保险费，指在施工管理中，所使用的财产和车辆的保险费用；

(7) 工程排污费，指在施工现场，按照规定所应当缴纳的排污费用；

### 7．包干费

### 8．其他按实调整费

## （二）间接费

间接费主要由企业管理费、财务费和劳动保险费组成。

### 1．企业管理费

指施工单位在组织施工生产经营活动中所发生的管理费用。它包括：

(1) 管理人员的工资、补贴及按规定标准计提的福利；

(2) 差旅交通费，指单位管理人员因公出差、工作调动的差旅费、住宿补贴、市内交通费和误餐补贴、探亲路费、人力招募费、离退休管理人员一次性路费及交通工具的油料、燃料、养路、牌照等费用；

(3) 办公费，就是指企业办公文具、纸张、账簿、印刷、邮电、书报、会议、水、电、燃气等一系列相关费用；

(4) 固定资产折旧、维修费，指属于单位固定资产的房屋、设备、仪器等折旧及维护的费用；

(5) 工具用具使用费，指在企业管理中，所使用到的不属于固定资产部分的工具、用具、家具以及检验、试验、消防用具等的维修和摊销的费用；

(6) 工会经费，一般是按照职工工资总数的 2% 提取；

(7) 职工教育经费，一般是按照职工工资总数的 1.5% 提取，主要用于职工学习先进技术和提高文化水平方面的支出；

(8) 待业保险费，指按照国家规定的标准，应由单位缴纳的待业保险基金；

(9) 其他相关费用，如绿化费、公证费、排污处理费、防洪工程维护费、广告费、审计费、合同审查等费用。

**２．财务费**

指单位为了筹集资金所产生的各项费用。主要包括单位在经营期间所产生的利息净支出、汇兑净损失、调剂外汇手续费、金融机构手续费等其他相关财务费用。

**３．劳动保险费**

主要包括单位支付离退休职工的退休金、提取的离退休统筹基金、价格补贴、医疗费、安家补贴、退职金、六个月以上的病假人员的工资、死亡丧葬补贴、抚恤金、按规定支付给离休干部的各项经费。

### （三）安全文明施工、成品保护费

安全文明施工、成品保护费按定额人工费合计乘9.11%包干使用。

### （四）利润

利润是指按照规定，应当进入装饰工程造价的由施工企业按规定完成其所承包工程而收取的合理酬金。它主要依据不同投资来源或工程类别实施差别利率。该项利润是工程预算价格的重要组成部分，与现行财务成本制度中的营业利润相呼应，利润中仍需包括所得税。建筑工程费用构成中的成本、税金以及价格水平的变化都会对企业营业利润的增减产生影响。而当中，税又属于企业自身无法控制的外部因素。因此，降低成本成为企业增收的唯一办法。降低成本的方式是多样的，如：

１．加强施工现场管理，改进技术措施，推广应用新技术，从而降低材料的消耗以达到降低成本的目的。

２．加强劳动力管理，提高施工机械化程度，积极推广新工艺、新技术、新结构和新材料，完善施工组织工作，提高施工指导艺术水平，从根本上提高劳动生产率，从而降低成本。

３．加强质量管理，对各道工序、各个分项工程的施工把好质量关，严格遵守操作程序，做好半成品和成品保护工作，不做返工项目，避免在整个工程施工过程中出现浪费材料、劳动力以及任何设备的情况，最终达到降低成本的目的。

４．积极推行统筹法，推广网络技术组织施工的先进模式，尽量采用新工艺，并从施工组织设计的前期准备工作中找寻可以缩短工期的方法。缩短工期可以有效地节约劳动工日及管理费用，有望最终达到降低成本的目的。

### （五）定额编制管理费和劳动定额测定费

工程定额编制管理及定额测定费，指按照国家的规定，应当支付给工程造价（定额）管理部门的定额编制管理费及劳动管理部门的定额测定费；

### （六）税金

税金的缴纳按国家税法规定，具有强制性、无偿性和固定性的特点。这里所说的税金是指按照国家税法的规定，由建筑装饰工程施工单位或个体经营者缴纳的营业税、城市建设维护税、教育附加税和所得税。计税标准见表2-2：

表2-2　计税标准

| 工程地点 | 计税标准(%) |
|---|---|
| 市区 | 3.56 |
| 县城、镇 | 3.49 |
| 市区、县城、镇以外的地区 | 3.43 |

以某装饰公司赋税情况为例，根据新的税制，装饰公司的税费如表2-3所示：

表2-3　某装饰公司税费

| 税　种 | 开征时间 | 税率及基数 | 税收来源 |
|---|---|---|---|
| 教育费附加 | 1985.1.1 | 3%，流转税 | 预算收入 |
| 城市维护建设税 | 1985.1.1 | 7%，流停车场 | 预算收入 |
| 企业所得税 | 1984.10.1 | 按利润总额1993年调为33% | 分割利润 |
| 营业税 | 1987.1.1 | 3%，营业税 | 预算收入 |

某装饰公司规定的纳税地点在市区的则按3.56%计取其税金；工程地点不在市区按照3.43%计取税金。

## 二、 装饰工程类别划分标准

装饰工程类别是按每平方米装饰面积的造价费用标准来划分，通常可分为一、二、三、四类。其具体的类别划分标准如表2-4：

表2-4　装饰工程类别划分表

| 装饰类型 | 工程类别 | 划分条件 |
|---|---|---|
| 外墙装饰 | 一类工程 | 玻璃幕墙，外墙装饰高度＞67m，每平方米装饰面积直接费＞500元 |
| | 二类工程 | 外墙装饰高度＞42m，每平方米装饰面积直接费＞400元 |
| | 三类工程 | 外墙装饰高度＞20m，每平方米装饰面积直接费＞300元 |
| | 四类工程 | 外墙装饰高度≤20m，每平方米装饰面积直接费≤300元 |
| 室内装饰 | 一类工程 | 装饰建筑面积＞12000m²，每平方米建筑面积装饰直接费＞1000元 |
| | 二类工程 | 装饰建筑面积＞8000m²，每平方米建筑面积装饰直接费＞600元 |
| | 三类工程 | 装饰建筑面积＞3000m²，每平方米建筑面积装饰直接费＞400元 |
| | 四类工程 | 装饰建筑面积≤3000m²，每平方米建筑面积装饰直接费≤400元 |

表格说明：装饰工程类别以单位工程为划分单位，一个工程只需满足一个指标，即可执行此类别标准。

## 三、 装饰工程费用的费率标准

装饰工程费率标准是由其他直接费、临时设施费、现场管理费、包干费、企业管理费、财务费、劳动保险费、利润的费率构成。装饰工程费率标准如表2-5所示：

表2-5 装饰工程费率标准

| 费用名称 费率(%) 工程类别 | 一类工程 | 二类工程 | 三类工程 | 四类工程 | 零星记工签证借工 |
|---|---|---|---|---|---|
| 其他直接费 | | | 21.59 | | |
| 临时设施费 | | | 11.41 | | |
| 现场管理费 | | | 14.54 | | |
| 包干费 | | | 9.45 | | 39.09 |
| 企业管理费 | 31.89 | 29.25 | 24.99 | 21.60 | |
| 财务费用 | 5.25 | 4.64 | 3.93 | 3.04 | |
| 劳动保险费 | | | 按核定标准执行 | | |
| 利润 | 39.63 | 32.89 | 25.89 | 18.90 | |

# 四、 施工组织措施费

施工组织措施费的组成如表2-6:

表2-6 施工组织措施费构成表

| 施工组织措施费 | 1. 材料二次倒运费 | 1.3%~4% |
|---|---|---|
| | 2. 远征费 | 2.4%~3.4% |
| | 3. 缩短工期措施费 | 1.5%~7.5% |
| | 4. 封闭作业施工照明费 | 5.2元/工日 0.06%~0.3% |
| | 5. 施工环境维护费 | 具体定 |
| | 6. 总承包服务费 | 1%~4% |
| | 7. 工程以外业务主用工费 | 具体定 |
| | 8. 其他 | 具体定 |
| 差 价 | 人工费、材料费、机械使用费 | 具体调节 |
| 税 金 | 营业税、城市维护建设税、教育附加费 | 3.4%或3.35% |

## (一)材料二次倒运费

材料二次倒运费,主要是由现场总面积与新建工程首层建筑面积的比例确定,以预算基价中的材料费合计为基数再乘以相应的二次倒运费率来计算得出的。具体计算可参考表2-7:

表2-7 二次倒运费率表

| 序 号 | 施工现场总面积/新建工程首层建筑面积 | 二倒费率(%) |
|---|---|---|
| 1 | >4.5 | 0 |
| 2 | 3.5~4.5 | 1.3 |
| 3 | 2.5~3.5 | 2.2 |
| 4 | 1.5~2.5 | 3.1 |
| 5 | <1.5 | 4 |

### （二）工程远征费

工程远征费，是以承包企业法定代表人的办公地点到其所承包工程的地点距离为计算依据，以预算的基价合计为基数再乘以相应的远征费费率来计算得出的。值得注意的是，距离≤25km的，不得计算在内。同时，外地施工单位及包工不包料的工程均不计算工程远征费。具体计算方法见表2-8：

表2-8 工程远征费率表

| 序 号 | 法人办公地点至工地距离 | 远征费率（%） |
|---|---|---|
| 1 | 25km～45km | 2.4 |
| 2 | 45km～75km | 2.9 |
| 3 | 75km 以外 | 3.4 |

### （三）缩短工期措施费

合同工期小于定额工期规定，则应当按照相关规定来计算因缩短工期所发生的费用。这些费用主要包括：

1. 夜间施工费，是指以合同工期与定额工期的比例为依据，以预算基价中的人工费所合计而成的基数再乘以相应的夜间施工费的费率来计算出来的。具体计算方法如表2-9所示：

表2-9 夜间施工费率表

| 序 号 | 合同工期／定额工期 | 夜间施工费费率(%) |
|---|---|---|
| 1 | >0.9，且小于1 | 1.5 |
| 2 | 0.8～0.9 | 4.5 |
| 3 | 0.7～0.8 | 7.5 |

2. 由于周转材料及中小型机具一次投入量大所产生的新增的场外运输费，是指以合同工期与定额比例为主要依据，以预算的基价合计而成的基数再乘以表中2-10所列的系数计算得出的。

表2-10 增加的场外运费费率表

| 序 号 | 合同工期／定额工期 | 增加的场外运费费率（%） |
|---|---|---|
| 1 | >0.9，且小于1 | 0.06 |
| 2 | 0.8～0.9 | 0.18 |
| 3 | 0.7～0.8 | 0.30 |

3. 施工照明费，是指以封闭作业工程的子项目预算基价中80%的工日为主要依据来计算封闭作业的工日。其中每一封闭作业工日的放工照明费一般按照5.20元／工日的标准来计算。

4．施工环境维护费，是指由所采取的维护措施而产生的相关费用。其计算以政府有关部门的规定或施工组织设计中规定的方案为主要依据。

5．总承包服务费，是指由发包单位将部分专业工程单独发包给第三人（其他承包人），发包单位因此而应当向总包单位支付的总包对单独承包项目所产生的服务费。按照单独承包专业工程合同价格的1%～4%计算其支付金额。

6．工程以外业主用工，是指承包人和业主双方当事人根据市场行情，以合同的形式约定用工方式和工资单价，由业主委托承包人从事工程以外且与工程有关的用工。

7．其他相关费用，主要包括因工程和现场的需要，而发生的其他必要的费用。此类费用的计算则按照实际情况或经批准的施工组织设计来确定。

## （四）差价

每一个省内不同的城市或地区的工人工资标准、材料价格、机械台班价格的标准都是不同的，而建筑装饰工程预算的定额又主要是按照省、市、自治区政府所在城市的建筑安装工人工资标准、材料价格、机械台班价格等为标准来编制的，这些差距就导致了我们通常所说的差价的产生。这类差价，通常可以进行调整，以重庆市为例：

### 1．人工费差价

根据《重庆市工程造价信息》发布的参考调整系数计算。

### 2．材料费差价

(1) 根据为本工程购入材料的原始票据，主要按照票列价格与票列品种规格相同的材料预算供应价相对比的方式来计算差价。票列材料未到达工地价格则应当相应地调整为以预算价格为主要依据来计算该项差价。

(2) 以《重庆市工程造价信息》发布的市场价格中准价为参照计算材料差价时，预算基价中材料规格、品种应当与中准价格对应，材料数量不得超过预算中的总用量。例如采用综合价格，按照《重庆市工程造价信息》发布的相应市场价格计算差价。

(3) 次要材料则应当按照《重庆市工程造价信息》发布的次要材料价格指数来计算差价。具体的计算公式为：

次要材料差价＝预算基价材料费总计×[(次要材料价格指数－100）／100]

(4) 水电费差价的计算，主要以市建委颁布的有关文件为调整依据。

### 3．机械费差价

(1) 台班费的调整，主要以市建委颁布的有关文件为调整依据。

(2) 按照出租单位计算方法计算租用非施工企业机械的差价。

| | 单　元　教　学　导　引 |
|---|---|
| 目标 | 通过任课教师课堂讲授与示范及相关作业练习,使学生初步了解装饰工程预算的概念与功能价值、装饰工程预算的基本类别,基本掌握建筑装饰工程预算的形式特征。在装饰工程预算基本的理论上和实际运用上有一定的认识与了解,为后面单元的学习打下较好的基础。 |
| 重点 | 在诸多教学要点中,装饰工程预算的形式特征是应该把握的重点,因为只有清晰地把握住装饰工程预算的形式特征,才能有效地把握住不同装饰工程预算的实用价值,根据不同的设计主题加以运用或在其基础上准确地进行装饰工程预算,认识是手段,运用是目的。 |
| 注意事项提示 | 1. 在章节的理论阐述上任课教师一定要讲深讲透,把握轻重主次,只有突出重点,才能引导学生认识本单元教学的主要意图。<br>2. 教师讲授时应注意理论讲授与实际展示相结合,最好运用多媒体教学方式,帮助学生形象直观地对课程内容加以理解把握。 |
| 小结要点 | 本单元是"装饰工程预算概述"基础的理论知识,单元总结时首先要概述班级学生对本课程作为装饰工程预算基础课程重要性的认识是否到位,学习主动性如何,投入程度怎样。其次,判断学生对本单元教学重点是否已有很好的把握。 |

**为学生课余时间准备的作业练习题:**

用装饰工程预算实例进行练习(参照装饰工程图例),以便更加熟练地掌握装饰工程概预算的程序。

**本单元作业命题:**

用室内装饰工程实例进行装饰工程预算练习,体验装饰工程预算的形式特征。

**作业命题设计的原由:**

了解、掌握它们的形式特征,能为今后进行装饰工程预算打下坚实的基础。

**命题作业的实施方式:**

采取课内与课外完成相结合的方式,在体验装

饰工程预算阶段尽可能在教师的指导下完成,便于学生在预算过程中更好地掌握预算的规律。

**作业规范与制作要求:**

以室内装饰工程实例进行装饰工程概预算练习,应做到准确、规范。

**单元作业小结要点:**

1. 评判班级学生对装饰工程概预算作业投入的认真程度,表扬好的作业,批评不好的作业。

2. 总结学生对装饰工程概预算把握的准确度,看他们是否体验到装饰工程概预算的实用与价值。

3. 作业是否计算到位。

# 装 饰 工 程 预 算 定 额

## 一、装饰工程预算定额的概述

### （一）装饰工程预算定额的概念

装饰工程预算定额是指在工程施工过程中，为了确定某一工程部位或结构构件所必须消耗的人工、材料和机械台班数量的标准，是建筑装饰工程预算定额和安装工程预算定额的总称，简称预算定额。它是在预算定额的基础上编制，有较预算定额综合扩大，是编制扩大初步设计概算、控制项目投资的依据。建筑装饰工程预算定额是由国家主管机关或被授权单位所编制并颁发的一项政策性很强的技术经济法令性指标。通过装饰工程预算定额，可以反映出国家对完成单位装饰产品的每一单位装饰分项工程或建筑配件所要求的人工、材料、机械台班消耗及其基价数量限额的信息。装饰工程预算的概念也可以简单表述为在确定完成计划的计量单位合格的装饰分项工程或建筑配件所需消耗的活劳动与物化劳动（包括人工、材料、机械台班和基价）的数量标准。预算定额主要以由劳动定额、材料消耗定额与机械台班定额为根据，通过合理计算，综合考虑其他合理因素所编制出来的，是参照正常的施工条件、一定的计量标准、工程质量、安全和进度要求所编制完成的。

### （二）装饰工程预算定额的作用

计算装饰工程预算造价以装饰工程预算定额为重要依据，主要体现在：

(1) 编制施工图预算，以装饰工程预算定额为主要依据确定工程造价；

(2) 施工企业以装饰工程预算定额为准，编制施工计划，确定人工、材料和机械台班需用量计划和统计完成工程量；

(3) 设计方案的技术经济比较，工程招标、投标活动确定标底和标价均以装饰工程预算定额为依据；

（4）建设单位和银行拨付工程价款、建设资金、贷款和竣工结算均以装饰工程预算定额为依据；

（5）施工企业根据装饰工程预算定额贯彻实施经济核算制度，考核成本，进行经济分析等活动；

（6）主管部门主要根据装饰工程预算定额来编制地区单位估价表和概算定额的基础资料。

预算定额在加强整个工程造价的管理，控制工程基本建设资金的使用，加强企业经济的核算和改善企业的经营管理等各方面，都起着十分重要的作用。

### （三）装饰预算定额的分类及其基本性质

在使用中，定额种类较多，如按定额反映的物质消耗可分为劳动消耗定额、机械消耗定额和材料消耗定额；按定额编制程序和用途可将其分为概算定额、预算定额、施工定额和投资估算定额及指标；按投资费用的性质可将其分为设备安装工程定额、建筑工程定额、其他直接费定额、现场消费定额、间接费定额、工器具定额、工程建设其他费用定额；按专业性质可将其分为地区统一定额、行业统一定额和国家统一定额。在本文中，笔者将定额的基本性质归结为一种规定的额度。

国家建设部颁布了《全国统一建筑装饰工程预算定额》（土建工程）GJD-101-95、《全国统一建筑工程预算工程量计算规则》GJDGZ-101-95（土建工程）、《全国统一建筑装饰装修工程消耗量定额》GYD-901 2002、《全国统一建筑装饰工程基础定额》、《全国室内装饰工程预算定额》，在此基础上，各省、自治区、直辖市又根据本地区的实际情况，分别制定或重新修正了相应的定额标准，以适应装饰业的发展，规范装饰工程市场。例如重庆市就制定了《重庆市建筑工程综合预算定额》（简称"综合定额"）、《重庆市建筑工程、安装工程、仿古园林工程及装饰工程费用定额》（简称："费用定额"）、1999年《全国统一建筑工程基础定额重庆市基表》、《重庆市市政工程预算定额》及2000年《重庆市装饰工程价定额》、《重庆市安装工程单位基价表》等定额与之相互配套使用。

## 二、 装饰工程预算定额的确定方法

### （一）人工消耗量指标的构成

装饰工程预算定额中，人工消耗量的指标是指完成该分项工程所必需的各类用工量的总和。具体指标量是指以定额编制方案中综合确定的有关工程数据和现行劳动定额为计算标准得出的。主要由以下几点构成：

（1）基本用工，是指在定额工作内容中，规定的各种主要工序和机械操作的用工。如铝合金门窗的制作、安装项目中的型材矫正、下料、切割、钻孔、组装、搬运、框扇校正、玻璃安装、配件、除渣等用工。

（2）人工幅度差，一般是指由于水平差距所引起的预算定额和劳动定额之差。正常施工条件下，劳动定额中没有包含的用工因素也应当包含在内。

（3）辅助工，是指在现场所必需的材料加工等用工。

（4）半成品及材料超出运距的用工，是指在预算定额综合取定的材料运距中，超过劳动定额综合的材料运距所必需的那部分用工量。

### （二）确定装饰工程预算定额的人工、材料和机械台班消耗量指标

分项定额工程或结构构件的定额消耗指标，主要由人工、材料和机械台班的消耗指标组成。

**1．预算定额人工消耗量指标**

是指完成一定的计量单位所耗费的综合用工量,它主要包括基本的用工量和其他用工量。具体的计算公式为:

人工消耗量=(基本用工+超运距用工+辅助用工)×(1+人工幅度差系数)

(1) 基本工用工量,是指按规定完成一定计量单位的各项工程或结构构件需要耗费的主要用工。具体的计算公式如下:

基本工消耗量=Σ(材料加工数量×相应时间定额)

(2) 其他用工量,是指不包含在劳动定额内且又不需要考虑的工时消耗。它主要由人工幅度差、辅助用工和超运距用工组成。

① 人工幅度差,是指在正常施工条件中必须发生的各类零星用工。它没有包含在劳动定额中,但在计算预算定额时又必须考虑到这类工时消耗。具体的计算公式为:

人工幅度差=(基本用工+超运距用工+辅助用工)×人工幅度差系数

② 辅助用工,是指不包括在预算定额中的基本工之内的材料加工等需耗费的工时。其计算公式为:

辅助用工量=Σ(材料加工数量×相应时间定额)

③ 超运距用工。在编制预算定额时,材料和半成品等的运距超出劳动定额或施工定额预先规定的运距,因此需要增加工时数量,该增加的工时数量就是超运距用工。超运距及其用工量的具体计算公式为:

超运距=预算定额规定的运距-劳动定额规定的运距

超运距用工量=Σ(超运距材料数量×相应时间定额)

**2．确定材料消耗指标**

建筑装饰工程中,通常以施工定额的材料消耗定额为基础,计算预算定额的主要材料、成品或半成品的消耗量。对于某些没有消耗定额的材料成品或半成品,可以选择比较典型的施工图,经过分析和计算,得出其消耗指标。

装饰工程预算定额中,材料消耗量指标的构成如图3-1:

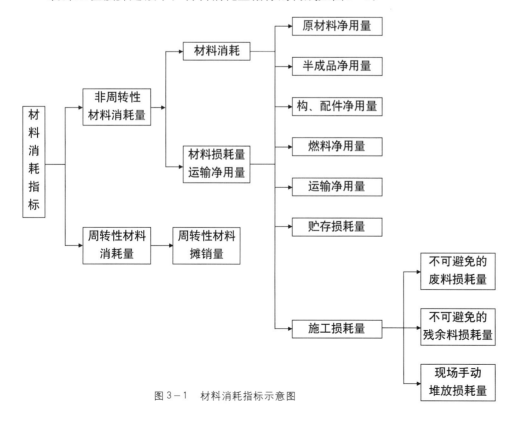

图3-1 材料消耗指标示意图

① 非周转性材料消耗指标，其计算一般按照下式：

非周转性材料消耗量 = 材料净用量 + 材料净用量 ×(1+ 材料损耗率）

其中，材料净用量的确定通常以材料消耗净用量或采用观察法、试验法和计算法为主要依据；材料损耗量的确定通常是根据材料损耗用量或采用观察法、试验法和计算法；材料损耗率是指材料损耗量与净耗量之间的百分比，用下式表示为：

材料损耗率＝损耗量／净用量 ×100%

② 周转性材料消耗指标（周转性材料摊销量），按照下式计算：

周转性材料摊销量 = 周转使用量 − 回收量

周转使用量 =[1+( 周转次数 −1)× 补损率 ]/ 周转次数

补损率 = 材料补损量／净用量 ×100%

回收量 = 一次使用量 ×(1− 补损率 )/ 周转次数

其中，周转次数的确定以周转材料重复使用的次数为主要依据，一次使用量的确定以周转材料一次使用的基本数量为标准。

**3. 确定施工机械台班消耗指标**

计算建筑装饰工程预算定额中的机械台班消耗指标，通常以台班为单位，它是以机械台班定额台班工程量为标准，综合考虑合理的施工组织技术条件下的机械的停歇要素而计算出来的。影响机械台班消耗要素要求在施工定额基础上，确定一个附加额。这个附加额一般用相对数来表现，即通常所说的机械幅度差系数。

**（三）定额项目表的编制**

1. 人工消耗定额。定额通常按照综合列出工日，也有些定额在其分支分别参照技工、普通工等列出工日。

2. 材料消耗定额。一般是列出材料的名称及其消耗量，那些用量较少的次要材料，可以合列为一项，用"其他材料费"以金额"元"直接列入定额项目表。值得注意的是，其所占材料总价值的比重不得超过 2%～3%。

3. 机械台班消耗定额，以"台班"表示，通常根据机械类型、机械性能就可以列出各种主要机械名称；次要机械则可按照"其他机械费"合并为一项，以金额"元"直接列入定额项目表。

4. 定额基价，通常在定额表中直接列出，需要注意的是，其中的人工费、材料费、机械费应分别列出。

**（四）定额说明**

建筑装饰工程预算定额的工程特征主要由内容、施工方式、计量单位以及奇特具体要求组成。定额说明则是以文字的形式对上述特征所作的简要说明。

# 三、装饰工程预算定额的编制

## （一）编制依据

**1. 建筑装饰工程预算定额的编制，主要根据以下有关定额资料：**

(1) 建筑装饰工程施工定额的计量单位；

(2) 建筑装饰工程的预算定额。

**2. 相关设计资料**

(1) 国家或地区颁布的通用设计图纸；

(2) 相关产品、构件的规定设计图纸；

(3) 其他具有代表性的设计资料。

**3．相关的法律法规和文献**

(1) 建筑装饰工程质量评定标准；

(2) 建筑安装工程质量评定标准；

(3) 建筑安装工程操作规范；

(4) 建筑安装工程施工验收规范；

(5) 其他相关的文献。

**4．建筑装饰工程预算定额的编制，主要根据以下有关价格资料：**

(1) 工人工资标准；

(2) 材料预算价格；

(3) 施工机械台班价格。

## （二）建筑装饰工程预算定额编制的步骤

建筑装饰工程预算定额编制的步骤，一般分为准备（包括资料的准备）、编制定额、审定定额三个主要阶段，如图3-2所示。

**1．定额项目的选定**。根据某一地区的使用而编制的计价定额（表）应当选用在当地适用的定额项目（如定额计量单位、定额消耗量等）。应补充本地常用但又未包含在预算定额中的定额项目，将其列入计价定额表中，除此之外，其他不需要或不适用的项目则不必编入。

**2．定额的工、料等数量的抄录**。预算定额所选定项目的工、料等数量应当在计价定额表的分项工程基价计算表各栏目中分别录入。

**3．单价填写**。工人的日平均工资标准、计价材料基价价格等应当在分项工程基价计算表中相应的单价栏内分别填写。

**4．计算基价**。计算基价一般有两种方法，一是直接在计价定额表上进行，二是先用分项工程基价计算表计算出各项费用后，再分别填入计价定额表中。

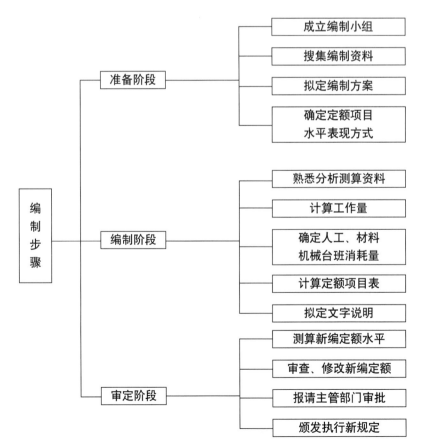

图3-2　装饰工程预算定额编制程序图

5．审批复核。认真核对计价定额表中的数量、单价、费用等数据，及时发现错误并纠正，将此情况汇总成册，经主管部门审批核准后，方可排版印刷，颁发施行。

装饰工程计价定额（表）中的分项工程基价的详细计算参见表3-1：

表3-1

| 定额项目名称 | 单位 | 分项工程 | 计算式 |
|---|---|---|---|
| 楼地面贴装饰石材 | 100m² | 585.07 | 人工费＋计价材料费 |
| 人工费 | 元 | 563.48 | 22.08元×25.52＝563.48元 |
| 计价材料费 | 元 | 21.59 | 1元×21.59＝21.59元 |
| 未计价材料费 | / | / | |
| 机械费 | / | / | |
| 小计 | 元 | 585.07 | 人工费＋计价材料费 |

# 四、装饰工程预算定额的组成与应用

## （一）装饰工程定额手册的内容

装饰工程预算定额手册的内容主要包括目录、总说明、分部说明、定额项目表和附表等。详见图3-3：

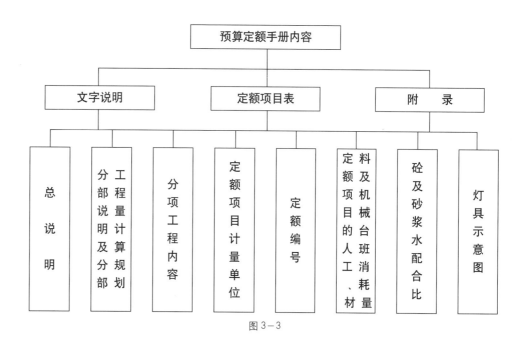

图3-3

如上图所示，装饰预算定额手册的内容分为文字说明、定额项目表和附录三大部分。

### 1．文字说明

文字说明部分分为总说明和分部说明两大部分。

(1) 阐述装饰工程定额的编制原则、适用范围、用途、定额中已考虑和未考虑的因素、使用中的注意事项以及相关问题的说明就是总说明。以2000年《重庆市装饰工程计价定额》的总说明为例,当中共列举了二十条总说明,现将其主要内容部分摘录如下:

① 本定额适用于单独新建、扩建、改建的装饰工程以及再次装饰的工程。

② 本定额是编制装饰工程预概算、拨付工程价款、进行竣工结算、编制标底、确定工程造价的依据,也是编制装饰工程投资估算指标的基础。

③ 本定额是根据现行设计标准、建筑装饰工程验收规范、质量评定标准和安全技术操作规程、建筑施工安全检查标准,按正常施工条件及合理的施工组织设计,并结合我市的平均技术条件进行编制的。因此,除定额允许调整者外,一律不得调整。如遇特殊情况需报经工程所在地造价管理部门同意后方可调整。

④ 本定额用工包括:基本用工、超运距用工、人工幅度差、辅助用工。定额人工单价不分工资类别,统一按22.08元/工日计算。包括生产工人的基本工资、辅助工资、工资性补贴、职工福利费和劳动保护费。凡定额规定的增减用工、签证记工和零星借工均按此单价计算。

⑤ 本定额中的材料是以符合国家标准的合格品和常用规格编制的。其中包括材料现场堆放地点或加工点至操作安装点的水平运输以及运输损耗、施工操作损耗、施工现场堆放损耗。

⑥ 未注明机械费的部分按表3-2中所列出的系数执行。

表3-2 未注明机械费的部分

| 序号 | 分部名称 | 计费基础 | 比例(%) |
|------|----------|----------|----------|
| 1 | 楼地面分部 | | 10% |
| 2 | 墙、柱面分部 | | 10% |
| 3 | 幕墙分部 | | 25% |
| 4 | 天棚分部 | 定额人工费 | 6% |
| 5 | 门窗分部 | | 15% |
| 6 | 零星分部 | | 10% |
| 7 | 油漆分部 | | 20% |

⑦ 本定额未包括装饰灯具,室内给排水等安装内容,发生时按《重庆市安装工程单位基价表》的规定执行。

⑧ 装饰直接费包括:人工费、材料费(合计价材料费和未计价材料费)、机械费,其他直接费、现场经费(临时设计费、现场管理费)、包干费等内容。

⑨ 安全文明施工,成品保护费按定额人工费合计乘以9.11%包干使用,不做调整。

⑩ 本定额的有关费用内容按1999年《重庆市建设工程费用定额》所规定的内容执行。

(2) 分部说明则主要阐述本分部工程所包括的主要项目,包括定额换算的有关规定、定额应用的具体规定处理方法等内容。

### 2．定额项目表

其主要内容是表头（分节定额名称），工程内容（定额项目所包含的各主要工作过程的说明），定额计量学位，定额项目编号、名称、预算基价及相应的人工、材料消耗量指标，这些内容构成了定额手册的核心。

### 3．附录

装饰工程预算定额附录的内容主要由施工机械台班费用表、各类砂浆的配合比表、装饰工程材料价格预算参考表、灯具安装示意图等组成。附录一般在定额换算时使用，是定额应用中重要的补充资料。

## （二）套用定额项目的方法

### 1．直接套用

直接套用一般分两种情况：施工图设计的工程项目内容与所套用的相应定额规定一致时，则须遵照定额的规定，直接套用相应项目定额，在实际操作中，人工费、计价材料和工料消耗量在编制装饰工程施工图预算、选套定额项目和确定单位预算价值等，绝大多数属于这种情况；施工图设计的工程项目内容与所套用的相应定额规定不一致时，由于定额规定不能换算和调整，因此，也必须直接套用相应的定额项目。

直接套用的具体步骤如下：

(1) 以施工图纸的分项工程项目为依据，查找该项目在定额手册中的编号；

(2) 从内容上比较并判断定额规定和施工图设计的分项工程项目是否一致。一致（包括完全一致和不一致但定额规定不能调整和换算两种情况），则按照直接套用定额规定的计价材料费、主材料消耗、人工费的方法，计算出该分项工程的预算价值。需要注意的是，套用前须确定分项工程的名称、规格、计量单位与定额相一致。

(3) 在装饰工程预算表的相应栏内分别填入定额编号、计价材料费、主材料消耗、人工费等内容。

套用时需注意：

① 首先应认真阅读定额总说明、分部工程说明和有关附注的内容，熟悉并掌握定额的适用范围，定额已考虑在内的因素以及相关的规定，明确定额中的各类用语及符号的含义。

② 明确定额换算的范围，正确使用定额附录的相关资料，熟练换算和调整定额项目。

③ 正确理解和熟练掌握建筑面积的计算法则，熟悉各个分部工程量的计算方法，在熟悉施工图的基础上，迅速准确地计算各分项工程（或配件、设备）的工程量。

④ 熟悉常用的分项工程定额的工作内容、人工、材料、施工机械台班消耗数量和计算单位及相关附注的规定，正确地套用定额项目。

定额直接套用举例一

[例]

以 2000 年《重庆市装饰工程计价定额》为例，说明装饰工程计价定额的具体应用方法。

某酒店地面装修，设计要求用大理石石材铺贴地面，中间镶贴成品拼花图案，试查出该项目的：

① 定额编号；

② 人工费、计价材料费；

③ 未计价材料费及机械费。

查 2000 年《重庆市装饰工程计价定额》第 25 页，见表 3-3：

表 3-3 定额目录表

| 定额编号 | | | 7F0141 | 7F0142 | 7F0143 |
|---|---|---|---|---|---|
| 项 目 | | | 楼地面 | | |
| | | | 简单图案镶图 | | 拼花石材 |
| | | | 水泥砂浆 | 干粉型粘贴剂 | 成品安装 |
| 其中 | 基 价（元） | | 4014.01 | 4280.75 | 1371.84 |
| | 人工费（元） | | 1952.53 | 2085.90 | 1335.84 |
| | 材料费（元） | | 2061.48 | 2194.85 | 36.00 |
| 名 称 | 单位 | 单价（元） | 数 量 | | |
| 人工 | 综合工日 | 工日 | 22.08 | 88.430 | 94.470 | 60.500 |
| 材料 | 水泥砂浆 1:2.5 | m³ | — | (2.530) | (2.020) | (2.830) |
| | 素水泥浆 | m³ | — | — | — | — |
| | 装饰石材 | m² | — | 113.000 | 113.000 | — |
| | 拼花石材 | m² | — | — | — | 102.000 |
| | 白水泥 | Kg | — | 10.000 | 30.000 | — |
| | 干粉型粘贴剂 | kg | — | — | 600.000 | — |
| | 水泥 325# | Kg | — | 1565.640 | 1281.060 | 1733.040 |
| | 特细纱 | t | — | 3.540 | 2.826 | 3.960 |
| | 计价材料费 | 元 | 1.00 | 2061.480 | 2194.850 | 36.000 |

由表得出该项目的 人工费、材料费及主要材料消耗量

解：

(1) 定额编号：7A0033

(2) 人工费、计价材料费

人工费：1335.84 元

计价材料费：36 元

(3) 未计价材料费及机械费：

拼花石材（成品）  102.000m²

水泥 325#  1733.040kg

特细纱  3.960t

机械费  133.58 元

定额直接套用举例二

[例]

某会议室地面装修，设计要求：素色羊毛绒毯铺贴（楼地面固定双层）现有工程量109.4m²

试计算完成地面工程的预算价值及主要材料消耗量。

[解]

查《重庆市装饰工程计价定额》第39页，得出：

确定定额编号　7A0072

人工费　1243.10元

计价材料费　140.96元

未计价材料费：

地毯　107.00m²

地毯胶垫　110.000m²

地毯烫带　65.620m²

黏结剂　7.7290kg

设：地毯　110元/m²

地毯胶垫　15元/m²

地毯烫带　6元/m²

黏结剂　9元/kg

(1) 计算人工费及计价材料费：

人工费：1243.10元×1.094=1359.95元

材料费：140.96元×1.094=154.21元

(2) 计算未计价材料费及机械费：

地毯：110元×107.00×1.094=12876.38元

地毯胶垫：15元×110.000×1.094=1805.10元

地毯烫带：6元×65.620×1.094=430.73元

黏结剂：9元×7.290×1.094=71.78元

机械费：1243.10×0.10×1.094=136.00元

预算价值=1359.95+154.21+12876.38+1805.10+430.73+71.78+136.00=16834.15元

### 2．套用换算后的定额项目

如果施工图设计的工程项目内容和选套的相应定额项目规定的内容不一致，且定额规定允许换算或调整，则可以在定额规定范围内进行换算或调整，再套用换算后的定额项目。换算以后的定额项目编号应与其他定额项目区别开来，一般是用括号表明，并在括号右下角注明"换"字。

### 3．套用补充定额项目

由于新结构、新构造、新材料和新工艺的采用等原因，施工图中的某些工程项目在编制预算定额时未被列入，也没有类似的定额项目可借鉴。这时，就必须编制补充定额项目来确定装修装饰工程预算的造价，并报请工程造价管理部门审批后执行。套用的补充定额项目应与其他定额项目区分，通常是在定额编号的分部工程序号后注明"补"字。

### （三）装饰工程预算定额的具体应用

#### 1．预算定额的直接套用

当设计要求与定额项目的工程内容相一致时,可直接套用相对应项目人工费和工料消耗量，并计算该分项工程预算价值和主材消耗量。

表 3-4 定额目录表

| 定额编号 | | 7F0141 | 7F0142 | 7F0143 | 7F0144 |
|---|---|---|---|---|---|
| 项　目 | | 木货架（2200 × 1000 × 550） | | | |
| | | 不贴装饰板 | | 贴装饰板 | |
| | | 带柜 | 不带柜 | 带柜 | 不带柜 |
| 其中 | 基　价（元） | 93.32 | 86.70 | 104.36 | 97.74 |
| | 人工费（元） | 88.32 | | 81.70 | 92.74 |
| | 材料费（元） | 5.00 | 5.00 | 5.00 | 5.00 |
| 名　称 | 单位 | 单价（元） | | 数　量 | |
| 人工 综合工日 | 工日 | 22.08 | 4.00 | 3.700 | 4.500 | 4.200 |
| 枋材 | m³ | — | 0.080 | 0.070 | 0.080 | 0.070 |
| 材料 木夹板 | m² | — | 5.000 | 4.500 | 5.000 | 4.500 |
| 胶合板五夹 | m² | — | 4.500 | 4.000 | 4.500 | 4.000 |
| 玻璃 | m² | — | 0.600 | 0.600 | 0.600 | 0.600 |
| 铝质滑槽 | m² | — | 2.100 | — | 2.100 | — |
| 不锈钢托架 | 付 | — | 1.010 | 1.010 | 1.010 | 1.010 |
| 不锈钢支柱 | m² | — | 2.800 | 2.800 | 2.800 | 2.800 |
| 万能胶 | Kg | — | — | — | 0.900 | 1.100 |
| 装饰板 | m² | — | — | — | 4.500 | 5.500 |
| 计价材料费 | 元 | 1.00 | 5.000 | 5.000 | 5.000 | 5.000 |

定额具体应用实例

定额具体应用实例一

[例]

某口腔科门诊治疗室操作台1.75 × 0.89 × 0.5，现有工程量1只，工作内容包括下料、制作、面层装饰、刷防火涂料、安装等全部操作过程。试计算完成口腔科门诊治疗室操作台预算价值及主要材料消耗量。

[解]

由于该项目的设计与定额表302页（见表3-4）内容一致，直接用相对应项目人工费及主材消耗量。

（1）确定定额编号　7F0144

（2）计算人工费及计价材料费

人工费　92.74元×1=92.74元
计价材料费　5.00元×1=5.00元
（3）计算未计价材料费及机械费
水泥板　3.83m²×12.00=45.96元
木工板　1.40m²×20.00元=28元
水曲板　3.08m²×18.00=55.44元
实木压条　14.07 m×5.60=78.79元
飞机合页　8×12.00=96.00元
100不锈钢拉手　4×5.00=20.00元
枋材　0.07m³×1435.00=100.45元
机械费　92.74×0.10×1=9.27元
注意：未计价材料价格按市场价格。
（4）计算完成该分项工程的预算价值
预算价值=92.74+5+45.96+28.00+55.44+78.79+96.00+20.00+100.45+9.27
=531.65元

定额具体应用实例二
[例]
某医院大厅需安装制作双扇全玻璃地弹门，设计用12mm厚的钢化玻璃，需要安装地弹簧、上下夹、曲夹、磨砂不锈钢夹安装、安装金属、玻璃、云石拉手，现有工程量111m²，试计算该分项工程的预算价值及主要材料消耗量。
[解]
查2000年《重庆市装饰工程计价定额》所知该工程由六个分项工程构成，其定额项目表略。
（1）确定定额编号7E0127、7E0142、7E0146、7E0147、7E0146、7E0154
（2）计算人工费及计价材料费
人工费　7E0127　1458.83元×0.111=161.93元
7E0142　77.28元×0.400=30.91元
7E0146　22.08元×0.400=8.83元
7E0147　22.08元×0.400=8.83元
7E0146　22.08元×0.400=8.83元
7E0154　44.16×0.400=17.66元
计价材料费
7E0127　230.00元×0.111=25.53元
7E0142　67.60元×0.400=27.04元
（3）计算未计价材料费及机械费
未计价材料费
7E0127 12mm钢化玻璃　11.1m²×190.00元=2109.00元
7E0142　地弹簧　4.04（个）×210.00元=848.40元
7E0146　大门夹　4.04（个）×120.00元=484.80元
7E0147　曲夹　4.04（个）×80.00元=323.20元
7E0146　磨沙不锈钢夹　4.04（个）×80.00元=323.20元
7E0154　金属、玻璃、云石拉手　4.04（付）×230.00元=929.20元
机械费　7E0127　1458.83元×0.10×1.11=161.93

（4）计算完成该分项工程的预算价值

预算价值＝161.93＋30.91＋8.83＋8.83＋8.83＋17.66＋25.53＋27.04＋2109.00＋848.40＋484.80＋323.20＋323.20＋929.20＋161.93＝5469.29元

装修装饰工程预算造价、办理工程价款、处理承发包工程经济关系的确定主要以装饰装修工程预算定额为标准。定额的应用是否正确，会对装修装饰工程的造价产生直接影响。因此，预算人员必须熟练、准确地确定和使用预算定额。

**2．预算定额的换算**

（1）原因：施工图纸的设计要求与定额项目的内容存在着不一致的情况，此时，为了计算出设计要求分项工程项目的预算价值及工料消耗量，就需要调整设计要求之间的差异，从而使定额项目的内容能够适应设计要求的差异调整，这就产生了预算定额的换算。

（2）依据：文字说明部分中，规定了若干条定额换算的条件以确保预算定额的水平不改变。这就要求在定额换算时须执行这类规定，以避免人为改变定额水平的不合理现象的发生。定额换算从定额水平固定的角度来看，也可以认为是装饰预算定额的扩展和延伸。

（3）内容：定额换算包括人工费和主材消耗量的换算，尤其是后者（主材消耗量）的换算对定额基价影响很大。这就需要我们必须按照定额的相关文件规定执行，不得擅自更改。工量的增减引起人工费的换算，而不同构造做法对材料需用量的不同引起了主材耗用量的换算。

（4）定额换算的一般方法：系数换算。系数换算是按定额说明中规定的系数乘以定额中工、料、机中的一部分，得到一个新定额单价的换算。

系数换算实例

系数换算实例一

［例］

某酒店大厅螺旋楼梯装饰，设计要求：面层为啡钻石材贴面，扶手、栏杆为 $\phi 80$ 不锈钢扶手，$\phi 32$ 不锈钢栏杆。现有工程量 70.1m² 和 22.1m²，试计算该装饰工程的预算价值。

［解］

（1）确定定额编号　7A0023、7A0116

（2）根据其部分说明中有关定额换算的规定的 11 条与二项 4 条：

① 旋转楼梯块料面层按相应楼梯项目乘系数 1.10。

② 旋形楼梯栏杆扶手项目：人工、机械乘系数 1.20，材料用量乘系数 1.05。

（3）计算定额人工费机械费及材料费的消耗量

查表得出：

7A0023　人工费：1509.83元×1.10＝1660.81元（块料面层）

7A0023　机械费：1509.83元×0.10×1.10＝166.08元（块料面层）

7A0116　人工费：100.68元×1.20＝120.82元

7A0116　机械费：100.68元×0.10×1.20＝12.08元

（4）主材消耗量及计价材料费（每100m²）

7A0023　装饰石材　144.69m²×1.05＝151.92m²（材料）

白水泥　14.00kg

水　泥　2140.56kg

特细沙　4.827t

计价材料费 29.53元

7A0116不锈钢管$\phi 3.2 \times 1.5$ 41.23m × 1.05=43.29m（螺旋形楼梯）

不锈钢管$\phi 89 \times 2.5$ 10.60m × 1.05=11.13m

计价材料费 438.71元 × 1.05=460.65元

（5）设主材市场价

7A0023 啡钻石材 300元/m²

白水泥 0.50元/kg

水 泥 0.20元/kg

特细沙 20.00元/t

7A0111 不锈钢管$\phi 3.2 \times 1.5$ 20.00元/m

（6）计算定额单位材料费（每100m²及每10m）

7A0023 （300元/m² × 159.16m²+0.50元/kg × 14kg+0.20元 × 2140.56kg +20.000元/t × 4.827t+29.53元）/100m²=（47748元+7.00元+428.11元+96.54元+29.53元)100/m²=48309.18元/100m²

7A0116 （20.00元/m × 43.29m+40.00元/m × 11.13m+460.65)元/10m=（865.80元+445.2元+460.65元）/10m=1771.65元/10m

（7）计算完成该项的预算价值（每100m²及10m）

（1660.81元+166.08元+48309.18元）× 0.701+(120.82元+12.08元+1771.65元)× 0.221=35145.39元+420.91元=35566.30元

系数换算实例二（增减工料换算）

增减工料换算是遵照定额说明中有关规定,对设计要求的分项工程内容与额定规定不相符合的部分内容,以增减工料的形式予以调整,从而得到一个新的定额单价和工料消耗量的换算。

[例]

某商场有一独立柱需装修,采用角钢骨架挂贴大理石,设计要求石材按规定尺寸供料, 现有工程量32m²,试计算主要材料消耗量。

[解]

（1）定额编号7B0031

（2）据其部分说明中有关定额换算的规定:

挂贴、粘贴装饰石材柱面,如果采用规定尺寸供材安装者,每100m²扣除7.15工日,石材消耗量应变为102m²/100m²,其余不变。

（3）计算定额人工费及机械费

人工费 4344.24元 −22.08元/工日 × 7.15工日 =4186.37元

机械费 [4344.24元 −(22.08元/工日 × 7.15工日)]× 0.10=418.64元

（4）按定额查表得出:

天然大理石 102.00m²

型 钢 2140.00kg

铝合金条 238.00m

水 泥 45.50kg

计价材料费 2525.50元

设主材市场价

大理石 98元/m²

型 钢 2.50元/kg

铝合金　4.20元／m

水　泥　0.20元／kg

（5）计算定额单位主材消耗及材料费（每100m²）

大理石　98.00元／m² × 102m²=9996元

型　钢　2.50元／kg × 2140.00kg=5350元

铝合金　4.20元／m × 238.00m=999.6元

水　泥　0.20元／kg × 45.50kg=9.10元

合计：2525.50元 +9996元 +5350元 +999.6元 +9.10元 =18880.20元

（6）计算完成该分项工程的预算价值及主要材料消耗量

预算价值 =(4186.37元 +418.64元 +18880.20元)× 0.32=7515.06元

主要材料消耗量

天然大理石　102.00m² × 0.32 =32.64元

型　钢　2140.00kg × 0.32=684.80元

铝合金条　238.00m × 0.32=76.16元

水　泥　45.50kg × 0.32=14.56元

计算出单位工程的分项工程工程量，再根据国家或地方的基础定额或综合定额，并结合本地的人工、材料、机械的预算价格，最后得出定额人工费、材料费、机械费之和。


装饰工程造价实例

[实例一]　某办公楼改装装饰工程

建筑面积：670m²

（1）工程作法

地面：花岗石、800 × 800 抛光转、木踢脚线、木地板、防滑砖。

天棚：铝合金、U 型轻钢龙骨、石膏板、跌级吊顶。

墙面：花岗石、瓷砖、墙纸、乳胶漆。

门窗：铝合金窗、套装门。

（2）编制依据

① 本装饰工程按《重庆市装饰工程计价定额》及相关取费文件编制预（结）算。

② 按材料预算价格或市场价格取定。

（3）造价分析

| 项目名称 | 造价（元） | 单方造价（元／m²） | 总工日 | 单方用工（工日／m²） | 未计价材料（元）及占总造价的百分比 | |
|---|---|---|---|---|---|---|
| 装饰 | 353577.38 | 527.72 | 1379 | 2.06 | 195109.35 | 55.18% |

注：定额人工单价为13.86元／工日，本预算调价后为18元／工日。


[实例二]　某学校大厅装饰工程

建筑面积：560m²

（1）工程作法

地面：贴800 × 800 聚晶石玻化地砖、进口石材及300 × 300 防滑地砖。

天棚：吊顶采用轻钢龙骨纸面石膏板跌级造型顶及夹胶玻璃透光顶。

墙（柱）面：内墙金丝米黄大理石、黑金沙踢脚粉红麻石材直板，部分墙面采用粘木饰面，隔断采用钢化玻璃及全玻璃、轻钢龙骨双面石膏板。

（2）编制依据

① 本工程按 2000 年《重庆市装饰工程计价定额》相关配套文件。

② 本工程依据办公楼装饰设计图计算而得。

③ 本工程按一类一级取费。

（3）造价分析

| 项目名称 | 造价（元） | 单方造价（元/m²） | 总工日 | 单方用工（工日/m²） | 未计价材料（元）及占总造价的百分比 | |
|---|---|---|---|---|---|---|
| 装饰 | 1553223.21 | 1412.02 | 4756 | 4.32 | 1095500.63 | 70.53% |

注：本预算工人单价按 45 元/工日进行计算，未计价材料按市场价计入。

[实例三] 某医院门诊装饰工程

建筑面积：300m²

（1）工程作法

地面：大厅地面采用爵士白石材、深啡网纹石材，过道贴玻化地砖，治疗室强化木地板，电梯厅地面紫罗红、大花白、黑金沙，卫生间地面采用防滑地砖及咖啡色玻化砖。

天棚：吊顶采用木龙骨及轻钢龙骨、烤漆龙骨，面层采用纸面石膏板、铝塑板、木工板、纸面石膏板、乳胶漆。

墙（柱）面：玉兰浅色墙纸、乳胶漆，卫生间和电梯厅采用米色墙砖及墨绿色腰线砖，4mm 厚外墙铝塑板，隔断采用轻钢龙骨，隔断面层采用纸面石膏板和白色防火板。

门窗：大门网格式卷帘门、双扇全玻璃地弹门（12mm 钢化），窗安装，防火板饰面，部分铝合金平开门，白色喷漆实木门。

（2）编制依据及编制范围

① 本工程决算严格按照现场施工实物完成工程量、现场签证及竣工图计量，并根据 2000 年《重庆市装饰工程计价定额》及相关配套文件按施工一级一类工程报价、结合合同及市场价格套用编制。

② 本工程装饰部分天、地、墙及其他装饰为 220166.66 元，本工程含所有卫生间、电梯厅及第二、六、七、十层商场部分装饰，不含货柜、货架及展柜、展台等报价。

（3）造价分析

| 项目名称 | 造价（元） | 单方造价（元/m²） | 总工日 | 单方用工（工日/m²） | 未计价材料（元）及占总造价的百分比 | |
|---|---|---|---|---|---|---|
| 装饰 | 220166.66 | 733.89 | 1003 | 3.34 | 135988.85 | 61.77% |

注：本工程人工单价依据合同确定，本预算按 35 元/工日进行计算。

[实例四]  某名酒店西餐厅装饰工程

建筑面积：202m²

(1) 工程作法

地面：800×800聚晶钢化砖、黑金沙拼图收边、西米黄踢脚。

天棚：铝合金龙骨和轻钢龙骨、面层纸面石膏板、金箔纸跌级吊顶。

墙（柱）面：外墙邻街采用全景玻璃幕墙，内墙采用米色石材，艺术墙砖，铝塑板，柱真石漆，面罩100mm白玻璃。

(2) 编制依据

① 本工程按2000年《重庆市装饰工程计价定额》及相关配套文件来套用编制。

② 本材料价格按《重庆市造价信息》及市场价格相结合的方式确定。

③ 本工程未含水电安装、综合布线、消防安装等工作内容。

④ 本工程按二级企业二类工程取费。

(3) 造价分析

| 项目名称 | 造价（元） | 单方造价<br>（元/m²） | 总工日 | 单方用工<br>（工日/m²） | 未计价材料（元）<br>及占总造价的百分比 | |
|---|---|---|---|---|---|---|
| 装饰 | 137920.55 | 682.78 | 475 | 2.35 | 73903.93 | 53.58% |

# 单　元　教　学　导　引

| 目标 | 学生通过学习，了解装饰工程预算定额的重要性，掌握装饰工程预算定额的原理与套用方法，并能在相关作业练习中巩固理论知识，提高其预算技能，以便今后走向社会，在实际的工作中能熟练地运用。 |
| --- | --- |
| 重点 | 本教学单元中的"工程预算定额"是应该把握的重点，也是该教材中的重点之一。因为装饰工程预算定额是装饰工程预算阶段最关键、最重要的环节，装饰工程预算的好坏决定着装饰工程预算的成败。而"工程预算定额"是对定额的标准运用，只有认真地学习、研讨、积累，才能不断提高装饰工程预算的准确性与装饰工程的效益。 |
| 注意事项提示 | 1. 教师讲授时应特别强调该单元内容的重要性，引起学生的高度重视。<br>2. 此单元理论性较强，教师讲授时要深入浅出，帮助学生理解，但不能急于求成。<br>3. 多用实例辅助讲解，并在作业练习阶段进行逐个辅导，引导学生掌握正确的方法。 |
| 小结要点 | 学习装饰工程预算定额套用是养成准确预算习惯的关键。预算定额是装饰工程预算的标准，在良好的预算前提下，通过合理预算定额套用才能取得预算的成功。要真正搞好预算定额套用，方法步骤一定要正确，应在不断的学习中有意识地培养自己的预算能力，提高预算定额套用能力。 |

为学生提供的思考题：

1. 为什么装饰工程预算定额是装饰工程预算的标准和纲领性文件？

2. 为什么说在装饰工程预算定额中，人工消耗量指标是装饰工程预算的构成因素？

3. 为什么说装饰工程预算定额是一种综合定额，由人工、材料和机械台班消耗指标组成？

**为学生课余时间准备的作业练习题：**

用室内装饰工程实例进行装饰工程概预算定额练习，巩固所学知识，熟悉装饰工程预算定额的基本法则。

**为学生提示的本单元的参考书目及网站：**

1.《建筑装饰装修工程预算》赵延军　机械工业出版社 2004 年

2.《建筑装饰装修工程定额与预算》武育秦、杨宾　重庆大学出版社　2002 年

3.《建筑装饰装修工程预决算》朱维益　中国建筑工业出版社　2004 年

4.《建筑装饰装修工程预算》李怀芳　中国建筑工业出版社　2004 年

5. http://www.jstvu.edu.cn/ptjy/jxjw/jzgcxyc/zsgczjdg1.htm

6. http://www.jianzhu114.cn/Soft/jzrj/200511/1672.html

**本单元作业命题：**

用室内装饰工程实例进行装饰工程预算练习，体验装饰工程预算的形式特征。

**作业命题设计的原由：**

因为室内装饰工程是最重要、应用最广泛的装饰工程，了解、掌握它们的形式特征，能为今后进行装饰工程预算定额打下坚实的基础。

**命题设计的具体要求：**

进行室内装饰工程实例的概预算练习，体验装饰工程概预算的形式特征。

**命题作业的实施方式：**

采取课内与课外完成相结合的方式，在体验装饰工程预算阶段尽可能在教师的指导下完成，便于学生在预算过程中更好地掌握预算定额规律。

**作业规范与制作要求：**

用室内装饰工程实例进行装饰工程预算定额练习，做到准确、规范。

**单元作业小结要点：**

1. 学生对装饰工程概预算定额套用的准确度，是否体验到装饰工程概预算定额的实用性与价值。

2. 作业是否计算到位。

**为任课教师提供的本单元相关作业命题：**

选择室内装饰工程图实例让学生体验预算的装饰工程费用的基本构成，了解室内装饰工程由直接费、间接费、计划利润和税金四个部分组成。了解其他直接费、临时设施费、现场管理费、材料价差和预算包干费、全部间接费包括企业管理费、财务费、定额管理费和劳动保险费等根据地区按实计算的各项费用。

# 装 饰 工 程 的 分 项
# 及 工 程 量 的 计 算

## 一、装饰工程分部分项

根据 2000 年重庆市建设委员会颁布的《重庆市装饰工程计价定额》，装饰工程主要划分为 11 个分部工程，即楼地面、墙、柱面、幕墙分部、天棚分部、门窗分部、零星分部、油漆分部、脚手架、垂直运输、超层超高分部。

装饰工程的每个分部工程划分为若干分期工程，分项工程名称一般为定额中的节名或进一步划分。如楼地面分部工程划分为垫层、找平、整体面层、块料面层、栏杆扶手等分项工程。每一个定额子目本身就代表一个分项工程，它主要泛指分项工程根据使用材料、施工条件、构造方法等不同情况所细分的具体的一个分项工程，或叫子项工程。

### （一）楼地面工程

防水层；找平层；块料面层；其他面层；栏杆、扶手。（注：根据新定额说明，新定额与相同项目执行新定额。未列项目则按相应项目执行垫层、找平层及部分整体面层等按相关内容列项。）

### （二）墙、柱面工程

普通抹灰；装饰抹灰；镶贴块料面层；墙柱面装饰；隔墙、隔断；钢构架（普通抹灰按《基础定额》相关内容列项）。

### （三）天棚工程

抹灰面层、天棚装饰平面、叠级天棚；艺术造型天棚；期货天棚；其他（可进一步划分。抹灰面层按《基础定额》相关内容列项）。

### （四）门窗工程

普通门；厂库房大门；特种门；普通木窗；铝合金门窗制作安装及成品制作安装；卷闸门安装；彩板组角钢门窗安装；塑钢门窗安装；防盗装饰门窗安装；防火门、防火卷帘门安装；装饰门框、门扇制作安装、电子感应自动门及转门；不锈钢电动伸缩门；不锈钢包门框、无框全玻璃门；门窗套；门窗盒；窗台板；窗帘轨道；五金安装；闭门器安装。

### （五）油漆、涂料裱糊工程

木材面油漆；金属面油漆；抹灰面油漆；涂料裱糊（可进一步划分）。

### （六）其他工程

招牌、灯箱基层；招牌、灯箱面层；美术字安装；压条、装饰线条；暖气罩；镜面玻璃；货架；柜类；拆除；其他。

## 二、装饰工程工程量的计算

### （一）装饰工程工程量计算的单位

建筑装饰工程的工程量计算主要是依据施工图及施工说明。

工程量是指以自然或物理计量单位的形式表现出来的各分项工程或结构构件的数量。这里所说的自然计量单位是指以物体自身为计量单位，表示工程完成的数量。例如，卫生洁具安装以"组"为计量单位，灯具安装以"套"为计量单位，送风口以"个"为计量单位。物理计量单位是指以物体的物理属性为主要依据，采用法定的计量单位来表示完成工程的数量。例如，墙面、柱面工程和门窗工程等的工程量以"m²"为计量单位，窗帘盒、木压条等工程量以"m"为计量单位。

### （二）装饰工程工程量计算的注意事项

工程量计算是根据已通过会审的施工图中规定的各分项工程的尺寸、数量，以及设备、构件、门窗等明细表和预算定额各分部工程量计算规则进行的。在计算过程中，应注意：

1. 必须在熟悉和审查施工图的基础上，按照定额规定的工程量计算规则计算。

2. 在计算工程量时，一定要注明层次部位、轴线编号、断面符号等，以便核对和检查尺寸，防止重算漏算。

3. 按照同样的次序排列工程量计算公式中的数字，以便校核。例如，在计算面积时，一般按长×宽（高）次序排序，数字精确度一般计算到小数点后三位；在汇总列项时，可四舍五入取小数点后两位。

4. 多利用图纸上已注明的数据表和各种附表，避免重复劳动，提高编制预算的工作效率。

5. 按照施工顺序计算，避免重算漏算。

6. 采用表格方式计算工程量以便审核。

7. 计量单位与定额须一致。

# 三、楼地面工程量的计算

## （一）楼地面装饰工程量计算说明

1．楼地面各项目中不包括抹踢脚线。

2．当设计要求与定额不同时，楼地面装饰工程中各种砂浆的配合比可换算。

3．防滑条工料不包括在楼梯面层项目中，设计时如需做防滑条，则另行计算。

4．块料面层中，如设计有单色镶边，则镶边部分和图案镶贴应按相应定额人工乘系数1.10。块料损耗按实调整。

5．块料面层的"零星项目"适用于小便池、蹲位、池槽等。

6．扶手、栏杆、栏板适用于楼梯、走廊、回廊及其他装饰性栏杆、栏板。扶手不包括弯头制作与安装，弯头另按弯头单项子目计算。

7．如扶手、栏杆、栏板等其材料用量及材料规格设计与预算基价取定不同时，可以调整。

8．螺旋形楼梯装饰，按相应项目人工费、机械费乘系数1.20；块料用量乘系数1.10；整体栏杆扶手材料用量乘系数1.05。

## （二）楼地面装饰工程量计算规则

1．楼地面整体面层均按主墙间的净空面积计算。凸出地面的构筑物、设备基础等不做面层的部分应扣除，柱、间壁墙及面积在0.3m²以内孔洞等所占的面积不扣除。与墙、柱面连接处上卷部分按展开面积计算，并入工程量内。

2．楼地面块料面层均按图示尺寸实铺面积以m²计算，门洞、空圈、壁龛的开口部分的工程量需并入相应的面层内计算。

3．楼梯面层均以水平投影面积（包括踏步及休息平台）计算。块面层楼梯井宽在200m以内者不予扣除，楼梯踢脚板、侧面、底面抹灰不包括在基价内。

4．块料面层拼贴图案按图案镶贴部分的矩形面积计算。成品拼花石材按设计图案的面积计算，计算设计图案以外的面积时，应扣除图案相应计算面积，但图案在0.3m²以内者，不予扣除。

5．楼梯面层（包括踏步，休息平台，锁口梁）按水平投影面积计算。块料面层楼梯井宽度在200mm以内者不予扣除。

6．栏杆、扶手包括弯头长度按延长米计算。

7．防滑条按楼梯踏步两端距离减300mm，以延长米计算。

8．踢脚线的延长未计算洞口，空圈长度不予扣除，洞口、空圈、垛、附墙烟囱等侧壁长度不增加。

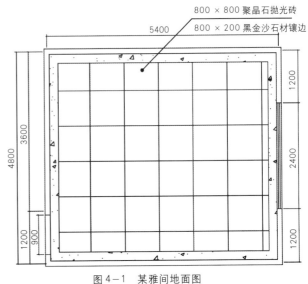

图4-1 某雅间地面图

[例]试计算图 4-1 所示雅间的地面工程量

设计要求：

(1) 地面用 800mm × 800mm 的聚晶石抛光砖铺贴。

(2) 地面用大理石镶花图案铺贴，镶花图案 1500mm × 1500mm。

[解]

(1) 抛光砖地面：$(5.4-0.12)×(4.8-0.12)+0.12×0.9=24.82m^2$

(2) 大理石地面：$(5.4-0.12)×(4.8-0.12)+0.12×0.9-(1.5×1.5)=22.57m^2$

# 四、墙、柱面工程量的计算

## （一）墙、柱面装饰工程量计算说明

1．墙、柱面装饰工程抹灰项目中的砂浆种类、配合比如与设计规定不同时，可按设计要求调整，人工不变。

2．对于抹灰、块料砂浆结合层（灌缝）厚度，当设计与预算基价取定不同时，允许调整。

3．圆弧形、锯齿形面抹灰，镶贴块料、饰面，按相应项目人工乘以系数 1.15 计算。

4．饰面材料拼花镶贴墙、柱面时，材料损耗按实调整，按相应项目人工数乘以系数 1.50。

5．木质、玻璃、石膏、铝合金、轻刚、塑刚、塑料等隔墙、隔断，如设计规定附有门窗时，门窗另行计算。

6．墙、柱面装饰基价内基层均未包括刷防火油漆，如设计要求，另按相应子目计算。

7．隔墙（间壁）、隔断和内墙面、梁面、柱面干挂石材以及装饰钢构架所用的轻钢龙骨、铝合金龙骨、型钢龙骨的实际距离、规格与定额规定不同时，其用量允许调整（定额损耗为 7%）但人工、机械不变。

8．面层，隔墙（间壁）、隔断定额内，除注明者外均未包括压条、收边、装饰线（板）。如设计要求时，另按相应定额执行。

9．块料镶贴和装饰抹灰工程的"零星项目"适用于挑檐、天沟、腰线、窗台线、门窗套、压顶、栏杆、栏板、扶手、遮阳板、池槽、阳台、雨篷周边等。

## （二）墙、柱面装饰工程量计算规则

1．内墙面抹灰面积，应扣除门、窗洞口（门窗框外围面积，下同）和空圈所占的面积，不扣除踢脚板、挂镜线、$0.3m^2$ 以内的孔洞和墙与构件交接处的面积。洞口侧壁和顶面不增加，但垛的侧面抹灰应与内墙面抹灰工程量合并计算。

2．内墙面抹灰的长度以主墙间的图示净长尺寸计算，其高度确定如下：

(1) 无墙裙的其高度按室内地面或楼面至天棚底面之间的距离计算。

(2) 有墙裙者，其高度自墙裙顶点至顶棚底面。

(3) 有吊顶者，其高度自楼地面至顶棚下层另加 10cm 计算。

3．外墙裙抹灰面积，应扣除门窗洞口空圈和 $0.3m^2$ 以上的孔洞所占面积，墙垛和附墙烟囱侧壁面积与外墙裙工程量合并计算。

4．内墙裙抹灰面积以长度乘高度计算．应扣除门窗洞口和空圈所占面积，并增加门窗洞口和空圈的侧壁顶面的面积，垛的侧壁面积，并入墙裙内计算，见图4-14。

5．抹灰、块料面层的"零星项目"按展开的面积m²计算，"装饰线条"按延长米计算。

6．柱、附墙垛贴块料面层，按柱附、墙垛横断面结构尺寸展开长度乘实铺高度以平方米计算。

7．木质、玻璃、石膏、铝合金、轻钢、塑钢、塑料等隔墙、隔断及装饰钢构架，按框外围面积以平方米计算，应扣除门窗洞口、空圈等所占面积，门窗另行计算。

[例]　试计算图4-2所示雅间的墙面工程量

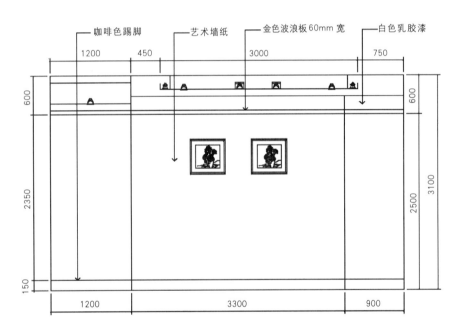

图4-2　某雅间的墙面图

设计要求：

(1) 墙面用艺术墙纸和白色乳胶漆饰面，60mm 宽金色波浪板收边。

(2) 用咖啡色石材踢脚线收边。

[解]

(1) 艺术墙纸：5.3 × 2.35=12.46m²

金色波浪板：5.3 × 0.06=0.32m²

(2) 踢脚线：5.3 × 0.15=0.8m²

# 五、顶棚工程量的计算

## （一）顶棚装饰工程量计算说明

1．顶棚装饰工程中，顶棚骨架中木龙骨、U 型轻钢龙骨、T 型铝合金龙骨、金属网架用料与设计不同时，按设计用量加下列损耗调整定额中的含量：木质龙骨4%，轻钢龙骨7%，铝合金龙骨7%，钢材7%，不锈钢管7%。

2．定额中的龙骨规格：大龙骨为50cm × 70mm，中龙骨为50cm × 50mm，小龙骨为25mm × 40mm，吊筋龙骨为50mm × 50mm。设计与实际使用的规格不同时，允许换算。

3．顶棚面层在同一标高者称一级顶棚，顶棚面层不在同一标高者为二级或三级顶棚。

4．天棚骨架、天棚面层分别列项，按相应项目配套使用。对于不同的造型天棚，其面层人工分别执行下列系数：天棚跌落高差部分按相应天棚面层项目人工数乘以系数2；弧型天棚部分按相应天棚面层项目人工数乘以系数1.43；斜顶天棚部分按相应天棚面层项目人工乘以1.18；工艺穹顶面层套相应面层定额。

5．如天棚面层中有拼花镶贴者，套用墙、柱面部分相应定额子目，人工乘以系数1.70。

6．天棚装饰面层未包括装饰、收口线条，发生时，套用零星部分相应定额子目。

## （二）顶棚装饰工程量计算规则

1．各种吊顶顶棚龙骨，应按主墙间净空面积计算，不扣除间壁墙、检察口、附墙烟囱、柱、垛和管道所占面积，但顶棚中的折线、迭落等圆弧形、高低吊灯槽等面积也不展开计算。

2．顶棚面装饰面积，按主墙间实铺面积计算，不扣除间壁墙、检察口、附墙烟囱、附墙垛和管道所占面积，应扣除独立柱与顶棚相连的窗帘盒所占的面积。顶棚中的折线、迭落等圆弧形、拱形、高低灯槽及其他艺术形式顶棚面层均按展开面积计算。

3．镶贴镜面按实贴面积以平方米计算。

4．天棚中的折线、跌落等圆弧形、拱形、高低灯槽及其他艺术形式天棚面层均按展开面积计算。

[例]试计算图4-3所示雅间天棚的工程量。

设计要求：

(1) 轻钢龙骨吊顶。

(2) 纸面石膏板饰面，面饰白色乳胶漆。

[解]

(1) 二级轻钢龙骨：$(5.4-0.12) \times (4.8-0.12)=24.71m^2$

(2) 石膏板：$(5.4-0.12) \times (4.8-0.12)+[(5.4-0.12-0.4)+(4.8-0.12-0.4) \times 0.4] \times 2=31.30m^2$

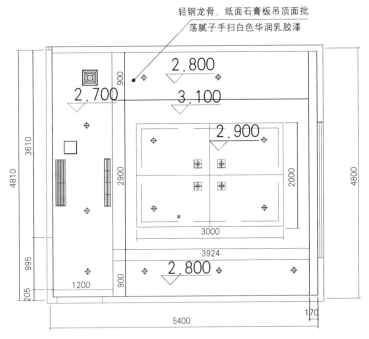

图 4-3　某雅间天棚图

# 六、门窗工程量的计算

## (一) 门窗工程量计算说明

1. 工艺木门窗包括：门窗套制作安装，木门扇制作，木门扇包金属面、软包面，门扇安装。

2. 铝合金地弹门制作型材（框料），按 101.6mm × 44.5mm、厚 1.5mm 方管制订，单扇平开门、双扇平开窗按 38 系列制订，推拉窗按 90 系列制订，如型材断面尺寸及厚度与基价规定不符时，按附表调整铝合金型材用量，损耗率为 7%，附表中带 "( )" 的数量为基价取定量。

3. 铝合金门窗、塑钢门窗、卷闸门、彩板组角钢门窗单独安装子目中，不包括其门窗本身价格，应根据实际价格另行计算。

4. 铝合金门窗安装均含玻璃安装，玻璃品种、规格与定额不符合时，可以调整，其他不变。

## (二) 门窗工程量计算规则

1. 铝合金门窗、彩板组角钢门窗、塑钢门窗单独安装的工程量，按设计门窗框外围面积计算，弧形、异形门窗按展开面积计算。

2. 门扇装饰面板为拼花、拼纹时，按相应定额子目人工乘以系数 1.45，其材料消耗按时计算。

3. 彩板组角钢门窗附框安装按附框外边线长度以延长米计算。

4. 不锈钢片包门框按表面展开面积计算。

[例] 试计算图4-4、图4-5所示雅间实木平板装饰门、铝合金窗工程量。

设计要求：

用胡桃木夹板面门扇，中间用金色波浪板镶贴、成品装饰条收边。

[解]

(1) 门扇：$2.4 \times 0.9 \times 2 - 0.06 \times 2.4 \times 2 = 4.03m^2$

门边装饰条：$(2.4 + 0.9) \times 2 = 6.6m$

(2) 铝合金窗：$1.8 \times 1.5 = 2.7m^2$

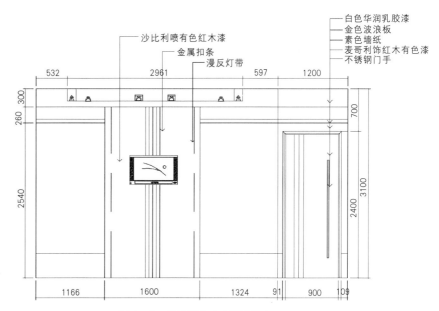

图4-4 某雅间实木平板装饰门

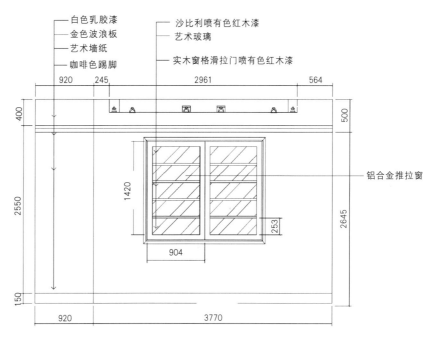

图4-5 雅间铝合金窗

# 七、油漆、涂料工程量的计算

## （一）油漆、涂料工程量计算说明

1．本定额中刷涂、刷油采用手工操作，喷塑、喷涂、喷油采用机械操作，实际施工操作方法不同时不作调整。

2．油漆涂刷不同颜色的工料已综合考虑在项目内，颜色不同时，工料不作调整。

3．本定额中已综合考虑了在同一平面上的分色及门窗内外分色，未考虑美术图案的工、料，发生时按实计算。

4．本定额中规定的喷、涂、刷遍数，设计要求与定额不同时，可按每增加一遍相应定额项目执行。

5．硝基清漆磨退光出亮定额子目是达到漆膜面上的白雾光消除并出亮考虑的，实际操作刷、涂遍数不同时，不得调整。

6．喷塑（一塑三油）：底油、装饰漆、面漆。其规格划分如下：

(1) 大压花：喷点压平，点面积在 1.2cm² 以上。

(2) 中压花：喷点压平，点面积在 1cm²～1.2 cm² 之间。

(3) 小压花：喷中点压平，喷点面积在 1cm² 以下。

7．喷涂石头漆，喷涂厚度按 3mm 考虑，设计厚度不同时，材料耗量可以调整，其余不变。

## （二）油漆、涂料工程量计算规则

1．楼地面、顶棚面、墙、柱、梁面的喷（刷）涂料、抹灰面油漆与裱糊，其工程量的计算，按地面、顶棚面、墙、柱、梁面装饰工程相应的工程量计算规则计算。

2．木材面、金属面油漆的工程量分别按表 4-1 计算规则计算。

表 4-1　金属面油漆，单层钢门窗工程量系数表

| 名　称 | 系　数 | 工程计算方式 |
|---|---|---|
| 单层钢门窗 | 1.00 | 洞口面积 |
| 双层（一玻一纱）钢门窗 | 1.48 | |
| 钢百叶门 | 2.74 | |
| 半截百叶钢门 | 2.22 | |
| 满钢门或包铁皮门 | 1.63 | |
| 钢折叠门 | 2.30 | |
| 射线防护门 | 2.96 | 扇　洞口面积 |
| 厂库平开门、推拉门 | 1.70 | 框　外围面积 |
| 铁丝网大门 | 0.81 | |
| 间壁 | 1.85 | 长×宽 |
| 平板屋面 | | |

# 八、其他装饰工程量的计算

## （一）其他装饰工程量计算说明

1．美术字安装（美术字不分字体均执行本定额）。

2．其他面指铝合金扣板面、钙塑板面等。

3．装饰件均以成品安装为准。

4．装饰线条

(1) 压条、装饰条以成品安装为准。

(2) 如在木基层顶棚面上钉压条、装饰条者，其人工乘以系数1.34；在轻钢龙骨天棚板面钉压条、装饰条者，其人工乘以系数1.68；木装饰条做图案者，其人工乘以系数1.8；如采用软塑料线条装饰者，其人工乘以系数0.5。

## （二）其他装饰工程量计算规则

1．压条、装饰条均按延长米计算。

2．美术字、装饰件安装，按字、装饰件的最大外围面积计算。

3．窗帘盒、明式铝合金轨按设计长度计算。如设计图纸未注明尺寸的，可按窗洞口尺寸另加300mm。

4．布窗帘、百叶窗帘按展开面积计算。

5．镜面玻璃带框的按框的外围面积计算。

6．柜、橱、架（系参考定额）按定额所示计量单位计算。

7．其他安装项目，按定额所示计量单位计算。

# 九、建筑装饰工程量计算实例

工程量计算实例一

[例]

某酒店标间客房地面需装修，试计算标间客房工程量。

标准间客房如图4-6、图4-7所示。

标准客房工程量：

(1) 地板

① 复合木地板

主房间：$(4.2-0.24)\times(3.6-0.24)=13.31m^2$

过道：$(2.1-0.24)\times(1.5-0.24)=2.34m^2$

增加门开口部分：$M1=0.24\times0.9=0.22m^2$

$M2=0.24\times0.7=0.17m^2$

$M3=0.24\times1=0.24m^2$

合计：$13.31+2.34+0.22+0.17+0.24=16.28m^2$

② 防滑陶瓷地砖300mm×300mm

卫生间：$(2.1-0.24)\times(2.1-0.24)=3.46m^2$

③ 复合木踢脚板

主房间：$[(2.1-0.24)+(4.2-0.24)\times2+3.6]\times0.15=2.01m^2$

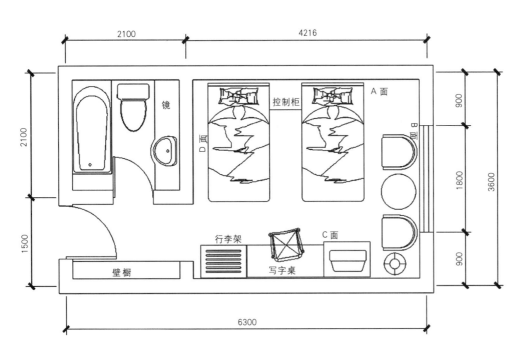

## 平面布置图

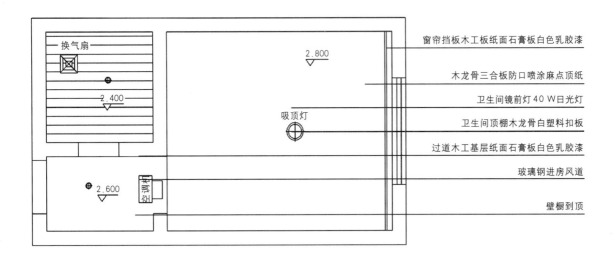

## 天棚图

图4-6  标准间平面图、天棚图

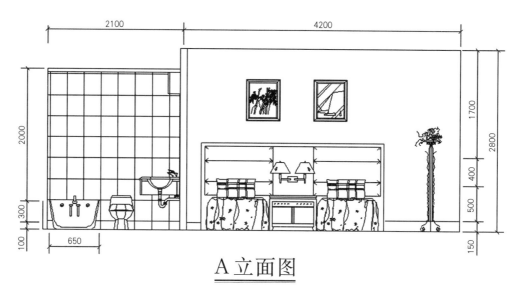

A立面图

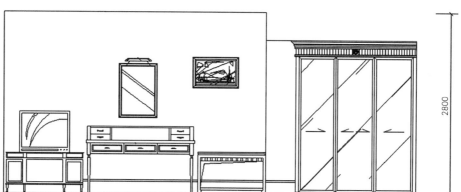

C 墙面

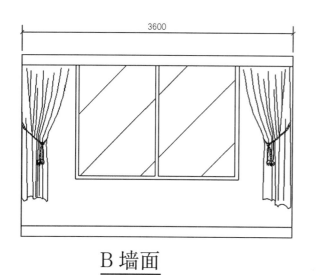

B 墙面

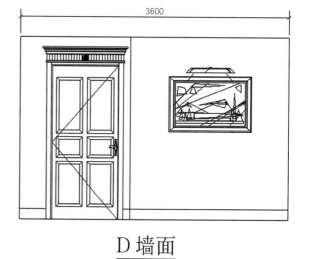

D 墙面

图4-7 标准间立面图

过道：[(2.1−0.24)+(1.5−0.24)] × 2 × 0.15=0.94m²

扣 M1：0.9 × 0.15=0.14m²

扣M2：0.7 × 0.15=0.11m²

扣M3：1 × 0.15=0.15m²

增 M2 侧壁：0.24 × 2 × 0.15=0.07m²

扣 M3：(0.8+0.1 × 2) × 0.15=0.15m²

合计：2.01+0.94−0.14−0.11−0.15+0.07−0.15=2.47m²

(2) 墙面工程

① 墙面砖 300mm × 200mm

卫生间：[(2.1−0.24)+(2.1−0.24)] × 2 × 2.4=16.61m²

扣门：M2  0.7 × 2=1.4m²

扣浴缸：0.5 × 0.4 × 2=0.4m²

合计：16.61−1.4−0.4=14.81m²

② 壁纸

主房间：[(4.2−0.24)+(3.6−0.24)] × 2 ×(2.8−0.15)=38.8m²

过道：[(2.1−0.24) +(1.5−0.24)] × 2 ×(2.8−0.15)=16.54m²

扣 C：1.8 × 2.4=4.32m²

扣 M1：0.9 × (2−0.15)=1.67m²

扣M2：0.7 × (2−0.15)=1.3m²

扣M3：1 × 2−0.15=1.85m²

增加墙 M2 侧壁：[(2−0.15) × 2+0.7] × 0.24=1.06m²

合计：38.8+16.54+1.06−1.67−1.3−1.85−4.32=47.26m²

(3) 顶棚工程

① 塑料扣板

卫生间  (2.1−0.24)×(2.1−0.24)=3.46m²

② 纸面石膏板

过道  (2.1−0.24)×(1.5−0.24)=2.34m²

增加 M3  1 × 0.24=0.24m²

合计  2.34+0.24=2.58m²

③ 顶面墙纸

主房间  (4.2−0.24)×(3.6−0.24)=13.31m²

④ 轻钢龙骨

卫生间 + 过道 + 主房间：3.46+2.58+13.31=19.35m²

(4) 门窗工程

① 单层木门

M1：0.9 × 2=1.8m²

② 单层塑钢窗

C：1.8 × 2.4=4.32m²

（5）油漆工程

① 窗帘挡板硝基清漆（油漆系数：2.04）

窗帘挡板 $3.6 \times 0.2 = 0.72 m^2$

（6）其他工程

① 吸顶灯一个

筒灯2套（过道、卫生间）

② 40W 镜前灯安装 1 套（卫生间）

③ 换气扇安装 1 个

④ 浴缸安装 1 组

⑤ 坐便器安装 1 组

⑥ 手盆安装 1 组

⑦ 雪花白大理石台面（单孔）1 个

⑧ 浴帘杆 1 根

⑨ 浴巾架 1 个

⑩ 肥皂盒 1 个

⑪ 金属螺纹管喷头 1 个

⑫ 单控混合水嘴 1 个

⑬ 毛巾架 1 个

⑭ 手纸盒 1 个

装饰工程量计算实例二

[实例]

某一套住宅需要装修。住宅平面图如图4-8所示。房间净高2.8m，墙后均为240mm。试计算它的工程量。

[解]

装修内容

（1）门：塑钢全玻推拉门、实木全板装饰门、实木半玻装饰门、复合防盗门。

（2）窗：塑钢推拉窗、塑钢平开窗。

（3）地面：厨房、卫生间用300mm×300mm的防滑地板砖，用复合地板及成品踢脚线。

（4）墙面：厨房、卫生间墙面用300mm×200mm全瓷墙面砖，客厅、餐厅、过道、卧室用乳胶漆。

（5）天棚：厨房、卫生间用木龙骨吊顶，面层用塑料扣板。

（6）框、门扇用装饰板板材制作

（7）漆：所有木做用混油工艺。

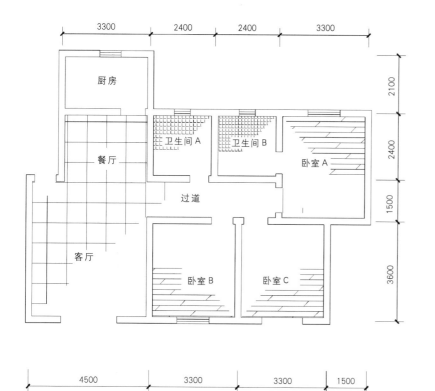

图 4-8　住宅地面示意图

表 4-2　门窗统计表

| 序号 | 编号 | 数量 | 规格 | 材料 | 备注 |
|------|------|------|------|------|------|
| 1 | 门 | | | | |
| | M-1 | 1 | 900×2100 | 防盗门 | |
| | M-2 | 2 | 2100×2400 | 塑钢推拉门 | |
| | M-3 | 3 | 900×2100 | 工艺造型实心门扇 | |
| | M-4 | 1 | 800×2100 | 半截格栅磨砂玻璃门扇 | |
| 2 | 窗 | | | | |
| | C-1 | 1 | 1200×1500 | 塑钢推拉窗 | |
| | C-2 | 2 | 1500×1800 | 塑钢推拉窗 | |
| | C-3 | 1 | 600×1500 | 塑钢推拉窗 | |
| | C-4 | 1 | 900×1500 | 塑钢推拉窗 | |

表 4-3　某住宅工程量计算表

| 序号 | 工程项目 | 单位 | 数量 | 计算式 |
|------|----------|------|------|--------|
| 一 | 地面工程 | | | |
| 1 | 300×300防滑地砖 | m² | 14.75 | 5.23+4.76+4.76 |
| | 厨房 | m² | 5.13 | (2.1-0.24)×(3.0-0.24) |
| | 卫生间A | m² | 4.76 | (2.4-0.24)×(2.4-0.24)+0.12×0.8 |
| | 卫生间B | m² | 4.76 | (2.4-0.24)×(2.4-0.24)+0.12×0.8 |
| 2 | 复合木地板 | m² | 66.51 | 20.95+6.72+6.80+11.3+10.28+10.46 |
| | 客厅 | m² | 23.22 | (4.5-0.24)×(5.1-0.24)+1.2×2.1 |
| | 餐厅 | m² | 6.72 | (3-0.24)×2.4+0.12×0.8 |
| | 过道 | m² | 6.86 | (1.5-0.24)×4.8+3×0.24×0.9+0.12×0.8 |
| | 卧室A | m² | 11.30 | (3.9-0.24)×(3.3-0.24)+0.12×0.8 |
| | 卧室B | m² | 10.28 | (3.6-0.24)×(3.3-0.24) |
| | 卧室C | m² | 10.46 | (3.6-0.24)×(3.3-0.24)+0.12×1.5 |
| 二 | 墙面工程 | | | |
| 1 | 300×200墙面砖 | m² | 66.06 | 22.84+21.61+21.61 |
| | 厨房 | m² | 22.84 | [(2.1-0.24)×2+(3.0-0.24)×2]×2.8-0.9×1.5-0.8×2.1 |
| | 卫生间A | m² | 21.61 | [(2.4-0.24)×2+(2.4-0.24)×2]×2.8-0.6×1.5-0.8×2.1 |
| | 卫生间B | m² | 21.61 | [(2.4-0.24)×2+(2.4-0.24)×2]×2.8-0.6×1.5-0.8×21 |
| 2 | 乳胶漆 | m² | 170.42 | 32.89+19.49+23.06+32.26+32.26+30.46 |
| | 客厅 | m² | 32.89 | [(4.5-0.24)+(5.1-0.24)+1.5+3.6]×2.8-2.1×2.4-0.9×2.1 |
| | 餐厅 | m² | 19.49 | [2.4+(3-0.24)+2.4]×2.8-0.8×2.1 |
| | 过道 | m² | 26.84 | [4.8+(1.5-0.24)+4.8]×2.8-0.8×2.1-0.9×2.1 |

| 序号 | 工程项目 | 单位 | 数量 | 计算式 |
|---|---|---|---|---|
| | 卧室A | m² | 32.26 | $[(3.9-0.24)\times 2+(3.3-0.24)\times 2]\times 2.8-1.2\times 1.5-$ $0.9\times 2.1-0.8\times 2.1$ |
| | 卧室B | m² | 32.26 | $[(3.3-0.24)\times 2+(3.6-0.24)\times 2]\times 2.8-1.2\times 1.5$ $-0.9\times 2.1$ |
| | 卧室C | m² | 30.46 | $[(3.3-0.24)\times 2+(3.6-0.24)\times 2]\times 2.8-1.5\times 2.4-$ $0.9\times 2.1$ |
| 三 | 天棚工程 | | | |
| 1 | 塑料扣板 | m² | 14.47 | 5.13+4.67+4.67 |
| | 厨房 | m² | 5.13 | $(2.1-0.24)\times (3-0.24)$ |
| | 卫生间A | m² | 4.67 | $(2.4-0.24)\times (2.4-0.24)$ |
| | 卫生间B | m² | 4.67 | $(2.4-0.24)\times (2.4-0.24)$ |
| 2 | 乳胶漆 | m² | 65.13 | 20.70+6.62+6.05+11.20+10.28+10.28 |
| | 客厅 | m² | 20.70 | $(4.5-0.24)\times (5.1-0.24)$ |
| | 餐厅 | m² | 6.62 | $(3-0.24)\times 2.4$ |
| | 过道 | m² | 6.05 | $(1.5-0.24)\times 4.8$ |
| | 卧室A | m² | 11.20 | $(3.3-0.24)\times (3.9-0.24)$ |
| | 卧室B | m² | 10.28 | $(3.3-0.24)\times (3.6-0.24)$ |
| | 卧室C | m² | 10.28 | $(3.3-0.24)\times (3.6-0.24)$ |
| 四 | 门窗工程 | | | |
| 1 | 铝合金推拉窗 | | | |
| | 窗A | m² | 1.8 | $1.2\times 1.5$ |
| | 窗B | m² | 2.7 | $1.5\times 1.8$ |
| | 窗C | m² | 0.9 | $0.6\times 1.5$ |
| | 窗D | m² | 1.35 | $0.9\times 1.5$ |
| 2 | 塑钢全玻推拉门 | | | |
| | 门 | m² | 5.04 | $2.1\times 2.4$ |
| 3 | 实木门 | | | |
| | 实木全板装饰门 | m² | 5.67 | $0.9\times 2.1\times 3$ |
| | 实木半玻装饰门 | m² | 5.04 | $0.8\times 2.1\times 3$ |
| 五 | 零星工程 | | | |
| 1 | 窗帘挡板 | m² | 14.4 | $4.5+3.3\times 3$ |
| 2 | 遮光窗帘 | m² | 37.4 | $14.4\times 2.6$ |
| 六 | 油漆工程 | | | |
| 1 | 门刷硝基清漆 | | | |
| | 实木全板装饰门 | m² | 5.67 | $0.9\times 2.1\times 3$ |
| | 实木半玻装饰门 | m² | 4.08 | $0.8\times 2.1\times 3-0.4\times 0.8\times 3$ |
| 七 | 其他工程 | | | |
| | 大理石台面 | m² | 1.5 | $0.5\times 3$ |
| | 排风扇 | 个 | 1 | |
| | 厨柜 | 组 | 1 | |

| 序号 | 工程项目 | 单位 | 数量 | 计算式 |
|---|---|---|---|---|
| | 衣柜 | 组 | | |
| | 鞋柜 | 组 | | |
| | 装饰酒柜 | 只 | | |
| | 门锁 | 个 | 6 | |
| | 浴霸 | 个 | 2 | |
| | 镜前灯 | 个 | 2 | |
| | 防潮灯 | 个 | 2 | |
| | 金属螺纹管喷头 | 个 | 2 | |
| | 单控混合水嘴 | 个 | 3 | |
| | 手纸盒 | 个 | 2 | |
| | 毛巾架 | 个 | 2 | |
| | 肥皂盒 | 个 | 2 | |
| | 洗面盆 | 只 | 2 | |
| | 洗菜盆 | 只 | 1 | |
| | 工艺吊灯 | 盏 | 1 | |
| | 筒灯 | 盏 | 3 | |

装饰工程定额预算实例

(1) 装饰工程概况

实例：一套三室两厅一厨两卫住宅装饰装修。住宅平面如图4-9所示。房间净高2.8m，墙厚均为240mm。试计算它的工程量及部分项目的预算价值。

装饰装修工程任务：

① 厨房、卫生间铺防滑地砖（地砖规格300mm × 300mm）；

② 客厅、餐厅、走道、卧室铺长条复合森林地板及成品木踢脚线；

③ 厨房、卫生间墙面贴全瓷墙砖（墙面砖规格300mm × 150mm）；

④ 厨房、卫生间装方木单层楞顶棚骨架；

⑤ 厨房、卫生间装塑料板顶棚面层；

⑥ 工艺造型实心门扇制作安装（门扇）；

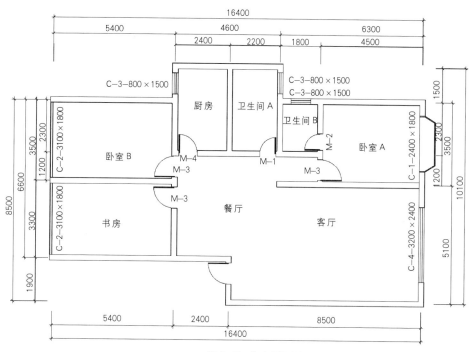

图4-9 住宅平面图

**表4-4 门窗统计表**

| 序号 | 编号 | 数量 | 规格 | 材料 | 备注 |
|------|------|------|------|------|------|
| 1 | 门 | | | | |
| | M—1 | 1 | 900×2000 | 防盗门 | |
| | M—2 | 2 | 700×2000 | 塑钢推拉门 | |
| | M—3 | 3 | 900×2000 | 工艺造型实心门扇 | |
| | M—4 | 1 | 800×2000 | 半截格栅磨砂玻璃门扇 | |
| 2 | 窗 | | | | |
| | C—1 | 1 | 2400×1800 | 阳光窗 | |
| | C—2 | 2 | 3100×1800 | 塑钢推拉窗 | |
| | C—3 | 1 | 3200×2400 | 落地玻璃窗 | |

⑦ 半截格栅磨砂玻璃门扇制作安装（门扇）；

⑧ 铝合金窗帘轨安装；

⑨ 木门亚光漆（清漆两遍）；

⑩ 门套亚光漆（清漆两遍）；

⑪ 客厅、餐厅、走道、卧室刷乳胶漆两遍（墙面、顶棚面）；

(2) 按部位分项目

根据装饰装修工程任务，参照《重庆市装饰工程计价定额》，列出项目名称见表4-5：

表4-5

| 序号 | 定额编号 | 项目名称 | 工艺及要求 | 备注 |
|------|----------|----------|------------|------|
| 1 | 7A0040 | 防滑地面砖 | 楼地面 | |
| 2 | 7A0038 | 复合木地板 | 长条复合木地板 | |
| 3 | 7A0103 | 成品木踢脚线 | 成品木踢脚线 | |
| 4 | 7B0052 | 墙面砖300×200 | 墙面 水泥砂浆粘贴 | |
| 5 | 7D0010 | 方木楞天棚龙骨 | 方木楞天棚龙骨（单层） | |
| 6 | 7D0073 | 塑料扣板 | 天棚面层 | |
| 7 | 7E0010 | 工艺造型实心门扇 | 实木门扇 | |
| 8 | 7E0020 | 半截格栅磨砂玻璃门扇 | 实木半玻门扇 | |
| 9 | 7F0086 | 铝合金窗帘轨 | 铝合金窗帘双轨（明装） | |
| 10 | 7G0086 | 木门面亚光漆 | 润油粉、刮腻子、油色、清漆两遍 | |
| 11 | 7G0088 | 其他木材面亚光漆 | 润油粉、刮腻子、油色、清漆两遍 | |
| 12 | 7G196 | 乳胶漆墙面 | 乳胶漆两遍 | |

(3) 工程量计算举例

① 防滑地砖地面工程量

本实例中，厨房、卫生间铺防滑地砖地面，应计算这些房间的地面面积。厨房、卫生间与其他房间相邻门口处，以关门分界。

厨房地面面积 =(2.4-0.24)×(3.8 - 0.24)=7.69m²

卫生间 A 地面面积 =(2.2-0.24)×(3.8-0.24)=6.98m²

卫生间 B 地面面积 =(1.8-0.24)×(2.3-0.24)=3.21m²

陶瓷地面面积 =7.69+6.98+3.21=17.88m²

② 复合木地板地面面积工程量

本实例中，卧室、书房、客厅、餐厅、走道均铺复合地板，应计算这些房间的地面面积。相邻房间门口处不同材料或相同材料的分界：M-2、M-1、M-3、M-4 以门扇关闭时为界。

卧室 A 地面面积 =(4.5-0.24)×(3.5-0.24)+0.24×0.7=14.06m²

卧室 B 地面面积 =(5.4-0.24)×(3.5-0.24)=16.82m²

书房地面面积 =(5.4-0.24)×(3.3-0.24)=15.79m²

客厅地面面积 =(8.5-0.24)×(5.1-0.24)+0.24×2.2+0.24×0.9=40.26m²

餐厅地面面积 =2.4×(4.5-0.24)+2×0.24×0.9 + 0.24×0.8=10.85m²

走道地面面积 =(4-0.24)×(1.2-0.24)+ 0.24×0.7+0.24×0.9=4m²

复合地板地面面积 $=14.06+16.82+15.79+40.26+10.85+4=101.78m^2$

③ 全瓷砖墙面工程量

本实例，厨房、卫生间、墙面贴全瓷墙面砖，应计算这些房间内墙面面积，从地面到上层楼板底高处（2.8m），吊顶 20mm，净高为 2.6m

$$厨房内墙面面积 =[(2.4-0.24)\times 2+(3.8-0.24)\times 2]$$
$$\times 2.6-0.8\times 1.5-0.8\times 2$$
$$=26.94m^2$$

$$卫生间 A 内墙面面积 =[(2.2-0.24)\times 2+(3.8-0.24)\times 2]$$
$$\times 2.6-0.8\times 1.5-0.7\times 2$$
$$=26.1m^2$$

$$卫生间 B 内墙面面积 =[(1.8-0.24)\times 2+(2.3-0.24)\times 2]$$
$$\times 2.6-0.8\times 1.5-0.7\times 2$$
$$=16.22m^2$$

贴全瓷墙砖面积 $=26.94+26.1+16.22=69.26m^2$

（4）抹灰面刷乳胶漆墙面积工程量

本实例中，客厅、餐厅、走道、卧室的顶面及墙面均刷乳胶漆，应计算这些房间的顶棚及内墙面面积。

墙面刷乳胶漆面积计算：

$$卧室 A 墙面面积 =[(4.5-0.24)\times 2+(3.5-0.24)\times 2]$$
$$\times 2.8-2.4\times 1.8-0.7\times 2-0.9\times 2$$
$$=34.59m^2$$

$$卧室 B 墙面面积 =[(5.4-0.24)\times 2+(3.5-0.24)\times 2]$$
$$\times 2.8-3.1\times 1.8-0.9\times 2$$
$$=39.77m^2$$

$$书房墙面面积 =[(5.4-0.24)\times 2+(3.3-0.24)\times 2]$$
$$\times 2.8-3.1\times 1.8-0.9\times 2$$
$$=38.65m^2$$

$$客厅墙面面积 =[0.24+6.3 +(5.1-0.24)+(8.5-0.24)+ 1.9]$$
$$\times 2.8-3.2\times 1.8-0.9\times 2=52.81m^2$$

$$餐厅墙面面积 =[2.4+(4.5-0.24)+(2.4-0.12)]$$
$$\times 2.8-0.9\times 2\times 2-0.8\times 2=19.83m^2$$

$$走道墙面面积 =[2.2+(1.8-0.12)+(1.2-0.24)+ 1.8]$$
$$\times 2.8-0.9\times 2-0.7\times 2$$
$$=15.39m^2$$

墙面刷乳胶漆面积 $=34.59+39.77+38.65+52.81+21.63+15.39=202.84m^2$

顶棚刷乳胶漆面积计算：

卧室 A 顶棚面积 $=(4.5-0.24)\times(3.5-0.24)=13.89m^2$

卧室 B 顶棚面积 $=(5.4-0.24)\times(3.5-0.24)=16.82m^2$

书房顶棚面积 (5.4−0.24)×(3.3−0.24)=15.79m²

客厅顶棚面积 =(8.5−0.24)×(5.1−0.24)=40.14m²

餐厅顶棚面积 =(4.5−0.24)× 2.4=10.22m²

走道顶棚面积 =(1.2−0.24)×(4−0.24)=3.61m²

顶棚刷乳胶漆面积 =13.89+16.82+15.79+40.14+10.22+3.61=100.47m²

塑料扣板顶棚面积计算：

厨房顶面面积 =(2.4−0.24)×(3.8−0.24)=7.69m²

卫生间 A 顶面面积 =(2.2−0.24)×(3.8−0.24)=6.98m²

卫生间 B 顶面面积 =(1.8−0.24)×(2.3−0.24)=3.21m²

塑料扣板顶面面积 =7.69+6.98+3.21=17.88m²

(4) 定额套用计算举例

本实例中，厨房、卫生间需铺贴防滑地砖地面的定额应查《重庆市装饰工程计价定额》第28页。得出：

定额编号　7A0040

人工费　635.68 元

材料费　21.58 元

未计价材料：

防滑地砖　101.50m²

水泥　1760.45kg

特细沙　3.221t

现需铺防滑地砖面积为17.88m²，试计算其预算价值及主材消耗量。

设主材价格为：

防滑砖　40 元 /m²

水泥　0.26 元 /kg

特细沙　28.00 元 /t

计算人工费、材料费、机械费。

人工费　635.68 × 0.1788=113.66 元

材料费　21.58 × 0.1788=3.86 元

防滑地砖　101.50m² × 0.1788 × 40 元 /m²=725.93 元

水泥　1760.45kg × 0.1788 × 0.26 元 /kg=81.84 元

特细沙　3.221t × 0.1788 × 28.00 元 /t=16.13 元

机械费　635.68 × 0.10 × 0.1788=11.37 元

预算价值　113.66 元 +3.86 元 +725.93 元 +81.84 元 +16.13 元 +11.37 元 =952.79 元

(5) 复合木地板地面预算价值

现需铺复合木地板地面面积为102.4m²。

本实例中，复合木地板的定额应查《重庆市装饰工程计价定额》第42页，得出：

定额编号　7A0083

人工费　896.89元

计价材料费　430.25元

未计价材料：

复合木地板　5.828m³（立方米）

枋材　1.485 m³

油毡350#　108.00m²

计算复合木地板的预算价值及主材消耗量。

设主材价格为：

复合木地板　900元/m³

枋材　500元/m³

油毡350#　2.46元/m²

计算人工费、材料费、机械费。

人工费　896.89元×1.042=934.56元

材料费　430.25元×1.042=448.32元

复合木地板　5.828m³×1.042×900元/m³=5465.50元

枋材　1.485m³×1.042×500元/m³=773.69元

油毡350#　108.00m²×1.042×2.46元/m²=276.84元

机械费　896.89元×0.10×1.042=93.46元

预算价值　934.56元+448.32元+5465.50元+773.69元+276.84元+93.46元=7992.37元

# 单 元 教 学 导 引

| 目标 | 　　学生通过学习，了解装饰工程的分项及工程量的计算的重要性，掌握装饰工程的分项及工程量的计算的原理与方法，在相关作业练习中巩固理论知识，提高预算技能，为今后走向社会在实际的工作中能较熟练地运用打下基础。 |
|---|---|
| 重点 | 　　本教学单元中的"分项及工程量的计算"是应该把握的重点，也是该教材中的重点之一。因为装饰工程分项及工程量的计算是装饰工程预算阶段最关键、最重要的环节，装饰工程预算的好坏决定着装饰工程预算的成败。而"分项及工程量的计算"是对分项及工程量的计算的标准运用，只有认真学习研讨、积累，才能不断提高装饰工程预算的准确性与装饰工程的效益。 |
| 注意事项提示 | 　　1．教师讲授时应特别强调该单元内容的重要性，引起学生的高度重视。<br>　　2．此单元理论性较强，教师讲授时要深入浅出，帮助学生理解，但不能急于求成。<br>　　3．教师多用实例辅助讲解，并在作业练习阶段进行逐个辅导引导学生掌握正确的创意、表现方法，达到内容和形式的统一。<br>　　4．在教学过程中重在培养学生的综合思维能力。 |
| 小结要点 | 　　学习装饰工程分项及工程量的计算要求牢固树立预算准确是关键的观念，分项及工程量的计算是装饰工程预算的标准，在良好的预算前提下，只有通过合理分项及工程量的计算才能取得预算的成功。要真正搞好分项及工程量的计算，方法步骤一定要正确，在不断的学习中应有意识地培养自己的预算能力，提高分项及工程量的计算能力。 |

**为学生提供的思考题：**

1．为什么分项及工程量的计算是装饰工程预算的标准和关键？

2．为什么说在装饰工程预算中，分项及工程量的计算是装饰工程计算的主要构成因素？

3．为什么说分项及工程量的计算是一种综合计算，由分项及工程量的计算指标组成？

**为学生课余时间准备的作业练习题：**

用室内装饰工程实例进行装饰工程分项及工程量的计算练习，以巩固所学知识，体验装饰工程分项及工程量的计算的基本法则。

**为学生提示的本单元的参考书目及网站：**

1．《建筑装饰装修工程预算》赵延军　机械工业出版社　2004年

2．《建筑装饰装修工程定额与预算》武育秦　杨宾　重庆大学出版社　2002年

3．《建筑装饰装修工程预决算》朱维益　中国建筑工业出版社　2004年

4．《巴国布衣中餐操作手册》胡志强　任海波　四川大学出版社　2003年

5．http://www.jstvu.edu.cn/ptjy/jxjw/jzgcxyc/zsgczjdg1.htm

6．http://www.jianzhu114.cn/Soft/jzrj/200511/1672.html

**本单元作业命题：**

用室内装饰工程实例进行装饰工程分项及工程量的计算练习，体验装饰工程分项及工程量计算的形式特征。

**作业命题设计的原由：**

因为室内装饰工程是最重要且应用最广泛的装饰工程，具有相同的形式意味和心理联想价值，了解、掌握它们的形式特征，能为今后运用装饰工程预算定额打下坚实的基础。

**命题设计的具体要求：**

1．将室内装饰工程实例作装饰工程分项及工程量的计算练习，体验装饰工程分项及工程量的计算的形式特征。

2．采取课内与课外完成相结合的方式，在体验装饰工程分项及工程量的计算阶段尽可能地在教师的指导下完成，便于学生在预算过程中更好地掌握分项及工程量的计算的规律。

**作业规范与制作要求：**

以某酒店客房的室内装饰工程实例进行装饰工程分项及工程量的计算练习，做到准确、规范。

**单元作业小结要点：**

1．评判班级学生对装饰工程分项及工程量的计算作业投入的认真程度，做到分项及工程量的计算的实用与准确。

2．总结学生对装饰工程分项及工程量的计算的准确度，看他们是否体验到分项及工程量的计算的实用性与价值。

3．作业对分项及工程量的计算是否到位。

**为任课教师提供的本单元相关作业命题：**

选择某酒店客房的室内装饰工程图实例体验装饰工程分项及工程量计算的装饰工程量用的基本构成，了解室内装饰工程分项及工程量的计算的组成。

# 装 饰 工 程 施 工 图 预 算 的 编 制

## 一、装饰工程施工图预算编制的依据及作用

### （一） 装饰施工图预算编制的依据

建筑装饰工程施工图预算编制的主要依据是：施工图（包括审定后的施工图设计说明、效果图、总平面布置图、平面图、天棚图、立面图、剖面图、局部大样图等）、现行预算定额、施工组织设计、施工现场条件及相关规定。其编制以单位工程为单元，以各分项工程划分项目，并且以相应的专业定额及项目为计价单位。建筑装饰工程施工图预算是建筑装饰工程的重要组成部分之一，也是确定工程造价、签订承包合同、实行经济核算的重要依据。

### （二） 装饰工程施工图预算的作用

1. 建设银行以建筑装饰施工图预算为主要标准拨付工程价款。

2. 建设及施工单位以建筑装饰施工图预算为主要依据进行工程费的结算。

3. 施工单位以建筑装饰施工图预算为标准编制施工计划。

4. 有利于建筑装饰单位加强经济核算、提高管理水平。

5. 建筑装饰企业可以根据建筑装饰工程施工图预算做两算对比，预先找到工程节约或超支的原因，采取有效措施，避免亏本。这里的"两算对比"就是指施工图预算和施工预算的对比。

6. 建设单位和设计单位根据建筑装饰工程施工图预算寻找出合适的设计方案。

7. 建设单位编制标底、装饰企业编制投标报价均以建筑装饰工程施工图预算为主要标准。

### （三）装饰工程施工图预算编制的步骤及费用组成

1．编制步骤：熟悉施工图纸；计算工程量；计算工程直接费；计取其他各项费用；校核；写编制说明；填写封面；装订成册。

2．费用的组成：建筑装饰工程费用由工程直接费用、企业经营费用及其他费用组成。

(1) 直接费用：直接费用包括人工费用、材料费用、施工机械使用费用、现场管理费用及其他费用。

(2) 企业经营费用：是指企业经营管理层及建筑装饰管理部门，在经营中所发生的各项管理费用和财务费用。

(3) 其他费用：主要有利润和税。

## 二、装饰工程施工图预算的编制方法

装饰工程施工图预算主要有单位估价和实物造价两种编制方法。

### （一）单位估价

按照本地区工人工资标准、材料预算价格和机械台班费等预算定额基价或本地区单位估价表,以各分部分项工程的工程量为主要依据计算出工程定额直接费和其他直接费、并据此计算间接费、计划利润或法定利润等其他费用,再汇总得出工程预算造价的方法就是单位估价。

### （二）实物造价

按照劳动定额、本地区工人日工资标准、材料预算价格、机械台班价格等,以施工中实际耗用的人工、材料、机械等数量为主要依据计算出人工费、材料费、机械费等费用,汇总后计算其他直接费,再按相应的费用定额计算利润、施工组织费、差价及税金,最终得出整个工程预算造价的方法就是实物造价。该计算方法一般适用于现行装饰工程定额中未包含、且没时间完成临时定额编制的项目。

## 三、装饰工程施工图预算的编制步骤（图5-1）

### （一）资料搜集

编制装修工程施工图预算的资料主要包括：经交底会审核后的施工图纸、施工组织设计和施工方案、国家和地区主管部门颁发的现行装修预算定额、人工工资标准、材料预算价格、机械台班价格、各种费用标准、标准图集、工程施工合同等。

### （二）确定工程计算项目

工程计算项目的确定需要在熟悉图纸的基础上,按装修预算定额分部工程项目的顺序,依次列出全部所需编制的预算工程项目。当定额中没有列出图纸上表示的项目时，则应该补充该定额子目或采用实物造价法来计算项目。

### （三）工程量计算

工程量的计算以所列项目和工程量计算规则为主要标准。这里所说的工程量是指以规定的计量单位所表示的各分项工程的数量。工程量是编制预算的原始数据。

工程量准确，有利于正确地确定工程的造价，有利于工程的计划与统计、财务

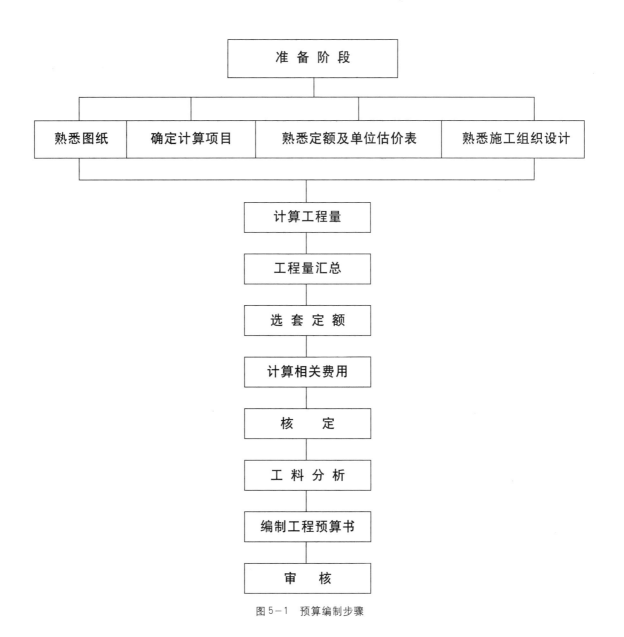

图 5-1　预算编制步骤

管理与经济核算等相关工作的展开。

工程量的计算应注意以下问题：

1. 熟悉和审核施工图纸的前提，并严格按照定额规定和工程计算规格，以图纸中规定的尺寸为标准计算工程量。

2. 认真核对图纸，充分利用图纸中所注明的门、窗、构配件等明细表，避免重复劳动，提高劳动效率。

3. 计算工程量时，必须明确标明层数、部位、轴线编号、截面符号等具体信息，以便于核对和检查。装修工程通常以平方米作为计量单位，因此，在计算时，应该按照高（宽）度×长度来计算。

4. 应当按照定额项目的排列顺序和施工的先后顺序进行计算，避免重算或者漏算。

## （四）工程量汇总

为了便于套用预算定额,在各分项工程量计算完成且复核无误后,应当根据预算定额手册或单位估价表的内容、计量单位,按分部分项顺序逐一汇总、整理,为套用定额提供方便。

## （五）套用预算定额

以所列计算项目和汇总整理后的工程量为依据,套用预算定额,最后汇总得出的就是定额合价。

## （六）工料分析

工料分析是指以各部分项工程量为依据,按照定额编号从装饰预算定额中查出各分项工程定额,计算单位人工、材料的数量,并以此计算出相应分项工程需要人工以及各材料的消耗量,最后汇总得出该工程所需要的人工,各类材料的总消耗量的活动的总称。它是人工、材料价格调查的前提。

## （七）各项费用的计算

首先以工料分析的结果及现行人工工资标准、材料预算价格(甲乙双方协议的材料价格)为依据,按照当地相关规定调整人工费、材料费,接着依照有关费用定额,得出其他直接费、间接费、计划利润、其他费用和税金等。

## （八）计算并分析工程造价

将以上各项费用及单独报价的项目汇总,得出的结果就是装饰工程的造价。根据该结果,可以分析每平方米造价等经济技术指标。

## （九）编制装饰工程施工图预算书

1. 填写工程预算封面。

2. 编制说明。即工程概况、编制依据与其他相关说明等。

3. 编制工程预算表。主要将装饰工程预算书封面、编制说明、工程费用计算表及工程量计算表等按顺序装订成册,形成一套完整的装饰工程施工图预算书。

装饰工程预算书的编制将在本单元的实例部分详细论述。

# 四、装饰工程施工图预算的审核

## （一）装饰工程施工图预算审查的意义

建筑装饰工程图在装饰工程建设施工过程中是十分重要的,其编制的准确性由复审对比来衡量。因此,装饰工程预算的审查直接影响到建设单位和施工单位的根本利益,也在一定程度上反映出装饰工程造价的合理程度。装饰工程施工图预算的审核具有十分重要的意义:

1. 有利于合理确定装饰工程的造价。

2. 为合同提供可靠的造价指标,有利于工程承包合同的签订,确定承包双方的利益。

3. 为银行办理工程价款结算提供可靠依据。

4. 有利于建设单位编制装饰工程竣工决算工作的顺利进行。

5．有利于施工单位核算成本、核实收入、组织施工等工作的开展。

审查装饰工程施工图预算是为了合理确定装饰工程造价、及时发现预算中可能存在的高估冒算、套取资金、丢项漏项、恶意压低工程建造价格等问题。审查程序的实施切实保证了施工单位收入的合理合法，建设单位工程投资的使用合理，有利于促进施工单位加强管理、提高效益，促进建设单位对承建工程的监督，提高资金利用率。

## （二）装饰工程施工图预算的审查方式和方法

### 1．审查方式

由于编制单位和审查部门的不同，可将建筑装饰工程预算审查分为单独审查、委托审查、会审三种方式。

（1）单独审查

单独审查，是指编制单位将自审通过的预算文件分别交送给建设单位和相关银行审查，建设单位和相关银行依靠自身的技术审查后，就发现的问题与施工单位协商以期得到解决。

（2）委托审查

委托审查，是指建设单位或银行委托具有审查资格的咨询部门代理其审查工作，并就发现的问题与施工单位协商定案。

（3）会审

对于装饰工程规模大、装饰级别高、造价高的工程预算，采取单独审查或委托审查相对困难，因此，采用设计、建设、施工等相关单位会同建设银行共同审查的方式就是会审。这种方式的优点是定案时间短、效率高。但是，由于参加审查的单位和人员相对较多，组织工作变得比较麻烦。

### 2．审查方法

（1）全面审查

全面审查是指逐个审查复核送审的预算。其实质是编制工程预算的全过程。全面审查的审查质量高，审查准确，但费时费力、效率低。该审查方法适用于规模小、内容少的工程或审查任务不紧张的情况。

（2）重点审查

重点审查是指以预算项目金额的大小为依据，有选择地审查。如审查铝质防静电地板、石材墙面及顶棚吊顶装饰等费用较高的项目。它适用于审查量大、时间性强的预算审查。重点审查的速度快、质量基本能保证。但是，由于审查项目是有选择的，易因选不准项目而造成较大的误差。

（3）经验指标审查

经验指标审查是将送审的预算与长期累积的经验指标进行对照比较的审查方法。该方法适用于装饰工程。通常是把面积作为装饰工程的计量单位进行计算。这样的做法有利于归纳出各类装饰工程单位工程量的费用指标。经验指标审查的速度快，质量基本能得到保证。

# 五、编制装饰工程施工图预算审查的依据、步骤及内容

## （一）审查依据

审查建筑装饰工程预算的依据一般有：

### 1．施工图

预算审查一般将施工图作为其审查的主要依据,根据施工图可以对装饰工程的工程量计算进行审查。

### 2．施工组织设计或方案

针对施工方案或施工组织设计,审查不包括通用做法在内所发生的工程量和技术措施费。

### 3．承包合同

以建设单位和施工单位双方共同签订的承包合同,对照双方的协议费用条款与预算内容进行审查。

### 4．装饰工程预算定额

按照装饰工程的预算定额审查工程量计算和定额套用。

### 5．建筑安装工程费用定额

依据建筑安装工程费用定额,审查送审预算的各项费用。

## （二）装饰工程预算审查的步骤

1．熟悉送审预算及提供审查必备的施工图纸、施工承包合同和施工方案或施工组织措施的相关信息。

2．根据投资规模和送审预算价值及审查期限,确定审查方式和方法。

3．深入现场调查研究,熟悉现场的情况。对于施工期间以预代结的预算,更应当深入到现场,掌握技术更替和现场签证等各类有效资料,保障预算审查工作既符合国家规定, 又不脱离施工现场的实际情况。

4．具体审查核对定额选套、费用标准和计算方法。

5．就审查结果与送审单位、设计单位及其他相关部门交换意见。定案,由审查单位把经多方审定的结果形成文件,并通知所有相关单位。审查工作到此全部结束。

## （三）建筑装饰工程预算审查的内容

### 1．审查工程直接费用

(1) 审查定额直接费。建筑装饰工程定额直接费是以施工图纸及预算定额规定的工程量计算规则为依据,并套用相应定额项目计算得出的。它审查的主要内容是：

① 审查工程量计算。通常以$100m^2$作为装饰工程工程量的计量单位。审查时需注意三个方面。一是审查工程量计量单位与相应定额计量单位是否一致；二是审查工程量的计算方法与定额规定的计算方法是否一致；三是审查工程量计算的结果。施工单位在编制工程预算时往往采用扩大工程量来套取费用。如铺贴进口大理石地面工程,则应当把审查的重点放在铺贴面积计算上面,对于应扣除的孔洞面积

必须要扣除。

② 审查定额项目的选套。应注意这里易产生故意使用高套定额项目的问题。

③ 审查预算直接费汇总。应注意该部分易出现重复计算导致的多计取费用问题。

(2) 审查其他直接费用，应将其计取项目和费率标准作为重点进行审查。

① 费用项目是否属于应当计取项目。

② 应当计取项目的计取方式是否符合相关的规定。

③ 计算费率标准和计算结果是否正确。

**2．审查间接费、计划利润、其他费用和税金**

(1) 审查费用内容。建筑安装工程费中的部分费用是否应当计取，主要是以企业性质为依据来确定的。如房产税、土地使用税等。

(2) 审查费用标准。一般是根据企业的性质划分建筑安装工程费用的取费标准。因此，对于不同性质的送审单位，取费标准也就有所不同。计算审查预算中的费用时，首先应确定送审单位应计取的费用标准，避免使用高套取费标准套取费用。

(3) 审查取费计算基础。不同费用的计算取费的基础也不同。例如，以工程直接费用为基础计算间接费用、以工程直接和间接费用之和为基础计取计划利润。审查时，对于任意扩大取费计算的基础、多套取费用的现象应当特别注意。

# 六、装饰工程施工图预算实例

装饰工程施工图预算实例一

1．工程概况

某住宅一套室内装修工程，工程内容与材料见表5-1、表5-2 及图5-1、图5-3、图5-4所示

2．建筑装饰工程预算书

(1) 装饰工程造价预算书封面

**表5-1 建筑装饰工程预算书**

## 建筑装饰工程预算书

工程性质：装饰工程

工程名称：某先生住宅装修

施工地址：某市某区

工程造价：48987.42 元

其中直接费：43625.58 元

间接费：5130.79 元

建设单位：　　　　　　　　　　施工单位：

负 责 人：　　　　　　　　　　负 责 人：

经 办 人：　　　　　　　　　　审　　核：

施 工 员：　　　　　　　　　　编 制 人：

　　　　　　　　　　　　　　　编 制 日期：　　年　月　日

(2) 工程设计说明：

① 地面：客厅、餐厅、过道铺贴 800×800 浅色抛光砖，休闲、生活阳台、厨房、卫生间铺贴 300×300 防滑地板砖，主卧室，书房，儿童房均铺设强化木地板。

② 吊顶：造型吊顶均采用木龙骨拉法基石膏板，卫生间、厨房采用现代滚涂拉丝系列条形铝扣板。

③ 墙面：各立面以乳胶漆为主，厨房、卫生间 250×330 墙面砖。

④ 油漆：所有木作均采用混油工艺。

⑤ 所有木作做法中，木龙骨均刷防火漆，线路穿管依照国家消防标准施工。

⑥ 本工程所有采用材料必须符合含有关行业指标的产品技术检测参数(包括环保要求)。

⑦ 在套用定额时,有些项目与定额不完全相同或没有项目采用换算或代换的方式计算,以表5-1、表5-2、表5-3及图5-2、图5-3、图5-4为计算实例。

3．工程量计算书

(1) 门窗统计表（表5-1）

(2) 装饰材料表（表5-2）

(3) 工程量计算表（表5-3）

表5-2 门窗统计表

| 序号 | 编号 | 数量 | 规格（单位:mm） | 材料 | 备注 |
|------|------|------|------------------|------|------|
| 1 | 门 | | | | |
| | M-1 | 1 | 900×2000 | 防盗门 | |
| | M-2 | 2 | 700×2000 | 塑钢推拉门 | |
| | M-3 | 3 | 900×2000 | 实木全板装饰门 | |
| | M-4 | 1 | 800×2000 | 实木半板装饰门 | |
| 2 | 窗 | | | | |
| | C-1 | 1 | 2400×1800 | 阳光窗 | |
| | C-2 | 2 | 3100×1800 | 塑钢推拉窗 | |
| | C-3 | 1 | 3200×2400 | 落地玻璃窗 | |

表5-3 材料表

| 序号 | | 地 面 | 踢 脚 | 墙 面 | 天 棚 | 门 窗 | 其 他 |
|------|------|--------|--------|--------|--------|--------|--------|
| 1 | 卫生间 厨房 | 300×300 防滑地砖 | —— | 200×300 墙面砖 | 30×40 木龙骨吊顶 | 塑干平推窗 | 浴盆尺寸: 1500×750×460 |
| 2 | 卧室 | 复合木地板 | 150高木踢脚板 | 白色乳胶漆 | 轻钢龙骨吊顶, 12纸面石膏板 | 90系列铝合金推拉窗 | 1.成品家具 2.木制窗帘盒 3.遮光窗帘 4.木制窗台板 |
| 3 | 客厅 | 复合木地板 | 150高木踢脚板 | 白色乳胶漆 | 轻钢龙骨吊顶, 12纸面石膏板 | 90系列铝合金推拉窗 | 1.沙发组 2.电视一套 3.茶几 |
| 4 | 餐厅 | | 150高木踢脚板 | 白色乳胶漆 | 轻钢龙骨吊顶, 12纸面石膏板 | 塑钢半玻璃推拉门 | 1.餐桌、餐椅 2.酒柜 |
| 5 | 过道 | —— | 150高木踢脚板 | 乳胶漆 | 轻钢龙骨吊顶, 12纸面石膏板 | 塑钢半玻璃推拉门 | 1.壁橱:门扇用柚木夹板贴面 2.装饰柜 |

表5-4　工程量计算表

| 序号 | 工程项目名称 | 单位 | 数量 | 计算式 |
|---|---|---|---|---|
| 一 | 地面工程 | | | |
| 1 | 防滑地砖 300mm×300mm | m² | 17.88 | 7.69+6.98+3.21 |
| (1) | 厨房 | m² | 7.69 | (2.4-0.24)×(3.8-0.24) |
| (2) | 卫生间A | m² | 6.89 | (2.2-0.24)×(3.8-0.24) |
| (3) | 卫生间B | m² | 3.21 | (1.8-0.24)×(2.3-0.24) |
| 2 | 复合木地板 | m² | 102.4 | 13.89+16.82+15.79+40.14+10.22+3.61+0.22+0.34+0.43+0.19+0.53 |
| (1) | 卧室A | m² | 13.89 | (4.5-0.24)×(3.5-0.24) |
| (2) | 卧室B | m² | 16.82 | (5.4-0.24)×(3.5-0.24) |
| (3) | 书房 | m² | 15.79 | (5.4-0.24)×(3.3-0.24) |
| (4) | 客厅 | m² | 40.14 | (8.5-0.24)×(5.1-0.24) |
| (5) | 餐厅 | m² | 10.22 | 2.4×(4.5-0.24) |
| (6) | 增加 | m² | | |
| | M1 | m² | 0.22 | 0.24×0.9 |
| | M2 | m² | 0.34 | 0.24×0.7×2 |
| | M3 | m² | 0.43 | 0.24×0.9×2 |
| | M4 | m² | 0.19 | 0.24×0.8 |
| (7) | 缺口 | m² | 3.8 | 0.12×3.2 |
| 二 | 墙面工程 | m² | | |
| 1 | 300×300墙地砖 | m² | 69.26 | 29.74+18.82+28.7-3.6-1.6-2.8 |
| (1) | 厨房 | m² | 29.74 | [(2.4-0.24)×2+(3.8-0.24)×2]×2.6 |
| (2) | 卫生间A | m² | 28.7 | [(2.2-0.24)×2+(3.8-0.24)×2]×2.6 |
| (3) | 卫生间B | m² | 18.82 | [(1.8-0.24)×2+(2.3-0.24)×2]×2.6 |
| (4) | 扣除 | | | |
| | C-3 | m² | 3.6 | 0.8×1.5×3 |
| | M4 | m² | 1.6 | 0.8×2 |
| | M4 | m² | 2.8 | 0.7×2×2 |
| 2 | 乳胶漆 | m² | 192.18 | 40.61+45.47+44.39+58.21+24.14+17.6-1.8-2.8-3.6-3.6-3.6-1.6-11.16-4.32-5.76 |
| (1) | 卧室A | m² | 40.61 | [(4.5-0.24)×2+(3.5-0.24)×2]×2.7 |
| (2) | 卧室B | m² | 45.47 | [(5.4-0.24)×2+(3.5-0.24)×2]×2.7 |
| (3) | 书房 | m² | 44.39 | [(5.4-0.24)×2+(3.3-0.24)×2]×2.7 |
| (4) | 客厅 | m² | 58.21 | [0.24+6.3+(5.1-0.24)+(8.5-0.24)+1.9]×2 |
| (5) | 餐厅 | m² | 24.14 | [2.4+(4.5-0.24)+(2.4-0.12)]×2.7 |
| (6) | 过道 | m² | 17.6 | [2.2+(1.8-0.24)+(1.2-0.24)+1.8]×2.7 |
| (7) | z扣除 | | | |
| | M1 | m² | 1.8 | 0.9×2 |
| | M2 | m² | 2.8 | 0.7×2×2 |
| | M3 | m² | 3.6 | 0.9×2×2 |
| | M4 | m² | 1.6 | 0.8×2 |
| | C-1 | m² | 4.32 | 2.4×1.8 |
| | C-2 | m² | 11.16 | 3.1×1.8×2 |
| | C-4 | m² | 5.76 | 3.2×1.8 |

| 序号 | 工程项目名称 | 单位 | 数量 | 计算式 |
|---|---|---|---|---|
| 三 | 顶棚工程 | | | |
| 1 | 铝塑扣板 | m² | 17.88 | 7.69+6.98+3.21 |
| (1) | 厨房 | m² | 7.69 | (2.4−0.24)×(3.8−0.24) |
| (2) | 卫生间A | m² | 6.98 | (2.2−0.24)×(3.8−0.24) |
| (3) | 卫生间B | m² | 3.21 | (1.8−0.24)×(2.3−0.24) |
| 2 | 乳胶漆 | m² | 100.47 | 13.89+16.82+15.79+40.14+10.32+3.61 |
| (1) | 卧室A | m² | 16.82 | (4.5−0.24)×(3.5−0.24) |
| (2) | 卧室B | m² | 15.79 | (5.4−0.24)×(3.5−0.24) |
| (3) | 书　房 | m² | 15.79 | (5.4−0.24)×(3.3−0.24) |
| (4) | 客　厅 | m² | 40.14 | (8.5−0.24)×(5.1−0.24) |
| (5) | 餐　厅 | m² | 10.22 | (4.5−0.24)×2.4 |
| (6) | 过　道 | m² | 3.61m² | (1.2−0.24)×(4−0.24) |
| 四 | 门窗工程 | | | |
| 1 | 塑钢窗 | m² | 24.84m² | 4.32+11.16+3.6+5.76 |
| | C−1 | m² | 4.32m² | 2.4×1.8 |
| | C−2 | m² | 11.16m² | 2×3.1×1.8 |
| | C−3 | m² | 3.6m² | 3×0.8×1.5 |
| | C−4 | m² | 5.76m² | 3.2×1.8 |
| 五 | 油漆工程 | | | |
| 六 | 其他工程 | | | |
| 1 | 浴霸 | 个 | 2 | |
| 2 | 镜前灯 | 个 | 3 | |
| 3 | 防潮灯 | 个 | 3 | |
| 4 | 金属螺纹管喷头 | 个 | 2 | |
| 5 | 单控混合水嘴 | 个 | 3 | |
| 6 | 浴巾架 | 个 | 2 | |
| 7 | 毛巾架 | 个 | 2 | |
| 8 | 手纸盒 | 个 | 2 | |
| 9 | 肥皂盒 | 个 | 2 | |
| 10 | 大理石洗面台（单孔） | 个 | 2 | |
| 11 | 大理石台面（双孔） | 个 | 1 | |
| 12 | 排风扇 | 个 | 1 | |
| 13 | 洗菜盆 | 个 | 1 | |
| 14 | 水龙头 | 个 | 3 | |
| 15 | 工艺吊灯 | 盏 | 1 | |
| 16 | 滑动射灯 | 个 | 3 | |
| 17 | 吸光灯 | 盏 | 1 | |
| 18 | 外直筒灯 | 个 | 13 | |
| 19 | 格栅射灯 | 个 | 12 | |
| 20 | 暗藏日光灯 | 个 | 12 | |
| 21 | 筒灯 | 个 | 3 | |
| 22 | 射灯 | 个 | 3 | |

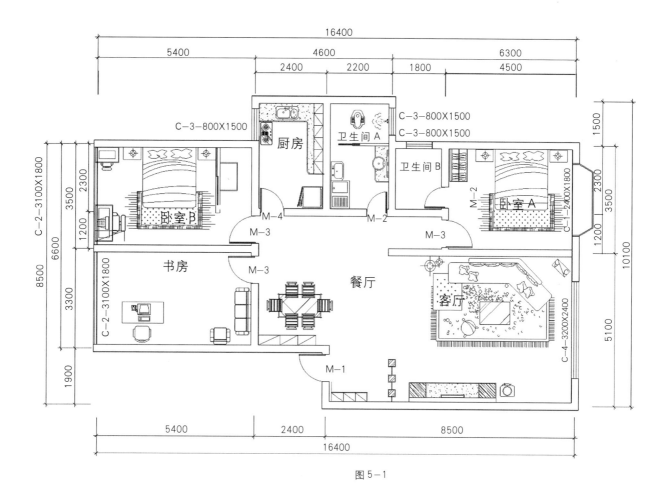

16400

5400　　4600　　6300

2400　　2200　　1800　　4500

C—3—800X1500

C—3—800X1500

C—3—800X1500

C—2—3100X1800

厨房

卫生间A

卫生间B

卧室B

M—2

卧室A

C—1—2400X1800

1500

2300

3500

1200

10100

M—4

M—2

M—3

M—3

书房

M—3

餐厅

客厅

C—2—3100X1800

C—4—3200X2400

5100

M—1

1900

5400　　2400　　8500

16400

图 5—1

2300

3500

1200

6600

3300

8500

天棚平面图

条形铝扣板

外置黑色筒灯

暗窗壳

轻钢龙骨石膏板吊顶

原顶白色乳胶漆

0.000

0.000

0.000

0.000

-0.100

-0.150

R600

2560

2620

-0.100

-0.150 -0.120

652

-0.120

-0.150

1200

800

0.000

450

平梁底

1050

0.000

-0.050

-0.150 -0.120

| 暗灯带 | 吸顶灯 |
| 工艺吊灯 | 防潮灯盘 |
| 四眼浴霸 | 排风扇 |
| 射灯 | 滑动射灯 |
| 筒灯 | 外置筒灯 |
| 工艺吊灯 | 格栅射灯 |

图 5—2

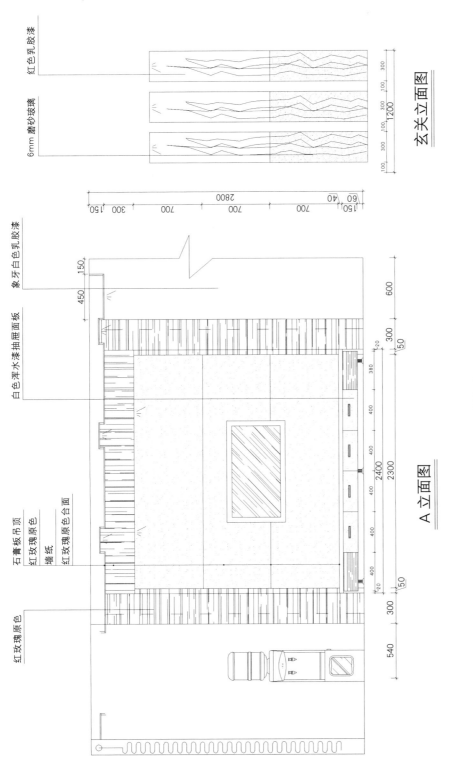

玄关立面图

A立面图

图5-3

装饰工程施工图预算实例二

工程名称：装饰工程预算

1. 装饰工程设计内容及要求

本实例为某市某办公楼4F可视会议室室内装饰装修工程，工程内容及材料见表5-8及图5-5至图5-10。

2. 工程预算书

(1) 工程预算书，见表5-5。

(2) 编制说明，见表5-6。

(3) 工程费用计算表，见表5-7。

(4) 建筑工程预（结）算表， 见表5-8。

(5) 三材汇总表，见表5-9。

(6) 计价材料差输入表，见表5-10。

(7) 独立费表，见表5-11。

(8) 审核意见表，见表5-12。

表5-5 工程预算书

# 工程预算书

工程名称："某市某办公楼"　　　　　　建设地点：××办公楼室内装修工程

工程规模：1200m²　　　　　　　　　　工程类别：三级三类

工程造价：160343.21元　　　　　　　单方造价：160343.21元/m²

建设单位：××市××区（县）××办公楼　施工单位：某装饰有限公司
餐饮发展有限公司

审核人资格证章：　　　　　　　　　　编制人资格证章：

　　　　　　　　　　　　　　　　　　日期：　　年　月　日

"某市某办公楼"预算实例的工作内容包括：

表5-7　工程费用计算表

表5-8　建筑工程预（结）算表

表5-9　三材汇总表

表5-10　计价材料差输入表

表5-11　独立费表

表5-12　建设单位审核意见

施工单位对审核结果的意见

审批单位意见

### 表5-6　编制说明

| 说明 | 编制　　施工合同 | | |
|---|---|---|---|
| | 施工图号 | | |
| | 使用定额　　2000年重庆装饰定额、2000年重庆安装定额及配套文件 | | |
| 备注 | | | |

编制说明：

1. 该工程预算是依据设计图进行编制。

2. 本预算装修依据2000年《重庆装饰工程计价定额》、《重庆渝东工程造价信息》及相关配套文件编制。

3. 本预算仅包含图纸设计的地面、天顶、墙面装饰的内容。

4. 根据渝建价发2000年31号文调整人工费。

5. 工程总造价：265795.04元。

### 表5-7　工程费用计算表

××办公楼装饰（4F可视会议室）

| 序号 | 取费项目 | 取费表达式 | 费用 | 备注 |
|---|---|---|---|---|
| | 4F可视会议室　3类工程　C级取费 | | 139691.65 | |
| F1 | 基价直接费 | F2+F3+F4+F5+F6+F7+F8+F9+F10+F11 | 129743.33 | . |
| F2 | 定额人工费 | RGF | 6996.37 | |
| F3 | 定额材料费 | CLF | 1665.89 | |
| F4 | 材料价差及未计价材料 | CLJC + WJJ_ | 78283.08 | |
| F5 | 定额机械费 | JXF | 485.00 | |
| F6 | 其他直接费 | F2 * 21.59% | 1510.52 | |
| F7 | 临时设施费 | F2 * 11.41% | 798.29 | |

| F8 | 现场管理费 | F2 * 14.54% | 1017.27 | |
| F9 | 包干费 | F2 * 9.45% | 661.16 | |
| F10 | 按实计算费 | DE("ASF")+DE("TL")+DLFY+F12+F13 | 33915.00 | |
| F11 | 人工调差 | RGF / 22.08 * 13.92 | 4410.76 | |
| F12 | 富美佳会议桌 | 44.6 * 425 | 18955.00 | |
| F13 | 新闻椅 | 68 * 220.00 | 14960.00 | |
| F14 | 间接费 | F15 + F16 + F17 | 2788.75 | |
| F15 | 企业管理费 | F2 * 24.99% | 1748.39 | |
| F16 | 财务费用 | F2 * 3.93% | 274.96 | |
| F17 | 劳动保险费 | F2 * 10.94% | 765.40 | |
| F18 | 安全文明施工 成品保护费 | F2 * 9.11% | 637.37 | |
| F19 | 利润 | F2 * 25.89% | 1811.36 | |
| F20 | 税金 | (F1 + F14 + F18 + F19) * 3.49% | 4710.83 | |
| F21 | 工程总造价 | F1 + F14 + F18 + F19 + F20 | 139691.65 | |
| | 4F 可视会议室安装工程 | | 20651.56 | |
| | 3类工程 C级取费 | | | |
| F1 | 基价直接费 | F2 + F3 + F4 + F5 * 75% | 5145.86 | |
| F2 | 定额人工费 | RGF + F6 | 1826.14 | |
| F3 | 定额材料费 | CLF | 2988.99 | |
| F4 | 定额机械费 | JXF | 276.48 | |
| F5 | 脚手架搭拆费 | RGF * 4% | 72.32 | |
| F6 | 其中：人工费 | F5 * 25% | 18.08 | |
| F7 | 综合费 | F2 * 113.09% | 2065.19 | |
| F8 | 其他直接费 | F2 * 39.34% | 718.40 | |
| F9 | 临时设施费 | F2 * 22.49% | 410.70 | |
| F10 | 现场管理费 | F2 * 16.21% | 296.02 | |
| F11 | 企业管理费 | F2 * 30.42% | 555.51 | |
| F12 | 财务费用 | F2 * 4.63% | 84.55 | |
| F13 | 劳动保险费 | F2 * 10.94% | 199.78 | |
| F14 | 利润 | F2 * 32.98% | 602.26 | |
| F15 | 按实计算费 | F16 + F18 + F19 + F20 + F21 + F22 | 11942.05 | |
| F16 | 按实计算费用 | DE("ASF")+DE("GLF")+DE("ZZS")+DLFY+F17 | 4320.00 | |
| F17 | 线路线管开关插座 | 108 * 40 | 4320.00 | |
| F18 | 材料价差及未计价材料 | CLJC + WJJ_ | 6482.18 | |
| F19 | 人工调差 | RGF / 22.08 * 13.92 | 1139.87 | |
| F20 | 成品治安及配套费 | DE("ZSJS") * 105% | 0.00 | |
| F21 | 机械台班及费用 | DE("JXTB") * 111.56% | 0.00 | |
| F22 | 签证记工及费用 | DE("QJG") * 101.2% * 139.09% | 0.00 | |
| F23 | 以上小计 | F1+F7+F13+F14+F15 | 19955.13 | |
| F24 | 税金 | F23 * 3.49% | 696.43 | |
| F25 | 工程总造价 | F23 + F24 | 20651.56 | |

表5-8 建筑工程概预(结)算表

××办公楼装饰(4F 可视会议室)

| 序号 | 定额号 | 定额名称 | 单位 | 工程量 | 单位价 | | | | 合计价 | | | | 未计价材料 | | | | | |
|---|---|---|---|---|---|---|---|---|---|---|---|---|---|---|---|---|---|---|
| | | | | | 基价 | 人工费 | 材料费 | 机械费 | 基价 | 人工费 | 材料费 | 机械费 | 名称及型号 | 单位 | 单位量 | 合计量 | 单价 | 合价 |
| | | 4F 可视会议室 3类工程 C级取费 | | 1.00 | | | | | 9147.26 | 6996.37 | 1665.89 | 485.00 | | | | | | 78283.08 |
| | | [装]楼地面工程 | | | | | | | 2341.02 | 1921.60 | 227.29 | 192.14 | | | | | | 27828.20 |
| 1 | 7A0012 | 水泥砂浆(厚度20mm) 在砼或硬基层上1:2 | 100m² | 1.094 | 191.46 | 172.22 | 2.02 | 17.22 | 209.53 | 188.48 | 2.21 | 18.85 | 水泥325# | kg | 1436.600 | 1572.215 | 2.60 | 4087.76 |
| | | | | | | | | | | | | | 特细砂 | t | 2.570 | 2.813 | 45.00 | 126.57 |
| 2 | 7A0040 | 楼地面 水泥砂浆木勾缝 | 100m² | 0.072 | 720.83 | 635.68 | 21.58 | 63.57 | 52.04 | 45.90 | 1.56 | 4.59 | 水泥325# | kg | 1760.450 | 127.104 | 2.60 | 330.47 |
| | | | | | | | | | | | | | 特细砂 | t | 3.221 | 0.233 | 45.00 | 10.47 |
| | | | | | | | | | | | | | 地面砖300×300罗马 | m² | 101.500 | 7.328 | 89.00 | 652.22 |
| 3 | 7A0079 | 楼地面木龙骨 及木夹板基层地台 | 100m² | 0.167 | 843.85 | 555.31 | 233.01 | 55.53 | 141.09 | 92.85 | 38.96 | 9.28 | 细木工板 15AAA | m² | 105.000 | 17.556 | 23.00 | 403.79 |
| | | | | | | | | | | | | | 石油沥青 油毡350# | m² | 108.000 | 18.058 | 0.00 | 0.00 |
| | | | | | | | | | | | | | 枋材 | m³ | 1.485 | 0.248 | 1300.00 | 322.78 |
| 4 | 7A0103 | 实木成品安装 | 100m | 0.438 | 139.88 | 67.56 | 65.56 | 6.76 | 61.27 | 29.59 | 28.72 | 2.96 | 成品柚木 | m | 105.000 | 45.990 | 21.00 | 965.79 |
| | | | | | | | | | | | | | 踢脚板 万能胶 | kg | 5.040 | 2.208 | 9.00 | 19.87 |
| 5 | 7A0072 | 楼地面固定双层 | 100m² | 1.094 | 1508.37 | 1243.10 | 140.96 | 124.31 | 1650.76 | 1360.45 | 154.27 | 136.04 | 素色羊毛 簇绒毯 | m² | 107.000 | 117.101 | 110.00 | 12881.09 |
| | | | | | | | | | | | | | 地毯胶垫 | m² | 110.000 | 120.384 | 15.00 | 1805.76 |
| | | | | | | | | | | | | | 地毯烫带 | m | 65.620 | 71.815 | 6.00 | 430.89 |

| 序号 | 定额编号 | 项目名称 | 单位 | 工程量 | 基价 | 人工费 | 材料费 | 机械费 | 合价 | 人工费 | 材料费 | 机械费 | 材料名称 | 单位 | 数量 | 数量 | 单价 | 合价 |
|---|---|---|---|---|---|---|---|---|---|---|---|---|---|---|---|---|---|---|
| 6 | 7A0016*6 | 水泥砂浆每增减厚度 5mm*6 1：2 | 100m² | 1.094 | 206.88 | 18.66 | 186.78 | 1.44 | 226.33 | 20.41 | 204.34 | 1.58 | 黏结剂 | kg | 7.290 | 7.978 | 9.00 | 71.80 |
| | | | | | | | | | | | | | 水泥325# | kg | 1943.100 | 2125.751 | 2.60 | 5526.95 |
| | | | | | | | | | | | | | 特细砂 | t | 3.900 | 4.267 | 45.00 | 192.00 |
| | | [装墙、柱面分部] | | | | | | | 1709.50 | 290.72 | 1316.44 | 102.34 | | | | | | 13267.63 |
| 1 | 7B0018 | 粘贴装饰石材（水泥砂浆零星项目） | 100m² | 0.021 | 1493.07 | 128.73 | 1287.26 | 77.08 | 31.06 | 2.68 | 26.78 | 1.60 | 水泥325# | kg | 543.160 | 11.298 | 2.60 | 29.37 |
| | | | | | | | | | | | | | 白水泥 | kg | 17.000 | 0.354 | 6.00 | 2.12 |
| | | | | | | | | | | | | | 特细砂 | t | 0.818 | 0.017 | 45.00 | 0.77 |
| | | | | | | | | | | | | | 花岗石(毛板)黑金沙(大板) | m2 | 113.220 | 2.355 | 480.00 | 1130.39 |
| | | | | | | | | | | | | | YJ-黏结剂 | kg | 46.620 | 0.970 | 20.00 | 19.39 |
| 2 | 7B0073 | 木夹板钉在木屑上 | 100m² | 0.761 | 228.70 | 19.78 | 197.84 | 11.08 | 174.06 | 15.05 | 150.58 | 8.43 | 细木工板 15AAA | m2 | 105.000 | 79.916 | 23.00 | 1838.06 |
| 3 | 7B0068 | 木龙骨断面 7.5cm²内中距40cm | 100m² | 0.761 | 536.16 | 266.08 | 245.53 | 24.55 | 408.07 | 202.51 | 186.87 | 18.69 | 枋材 | m3 | 0.624 | 0.475 | 1300.00 | 617.40 |
| 4 | 7B0091 | 织物软包墙面、墙裙 | 100m² | 0.161 | 695.68 | 53.57 | 535.66 | 106.45 | 112.07 | 8.63 | 86.29 | 17.15 | 木压条 | m | 84.790 | 13.660 | 0.00 | 0.00 |
| | | | | | | | | | | | | | 泡沫塑料 20mm | m2 | 105.000 | 16.916 | 25.00 | 422.89 |
| | | | | | | | | | | | | | 万能胶 | kg | 22.000 | 3.544 | 9.00 | 31.90 |
| | | | | | | | | | | | | | 进口墙布面料 | m2 | 105.000 | 16.916 | 180.00 | 3044.79 |
| 5 | 7B0095 | 粘木饰面板梁(柱)面 | 100m² | 0.086 | 795.35 | 70.21 | 702.14 | 23.00 | 68.40 | 6.04 | 60.38 | 1.98 | 柚木饰面板 | m2 | 109.000 | 9.374 | 28.00 | 262.47 |
| 6 | 7B0094换 | 粘木饰面板 墙面、墙裙拼花 | 100m² | 0.548 | 1134.73 | 58.51 | 1053.22 | 23.00 | 622.06 | 32.08 | 577.37 | 12.61 | 万能胶 | kg | 32.000 | 2.752 | 9.00 | 24.77 |
| | | | | | | | | | | | | | 柚木饰面板 | m2 | 105.000 | 57.561 | 28.00 | 1611.71 |
| 7 | 7B0108 | 铝塑板内墙面 | 100m² | 0.059 | 666.57 | 0.00 | 616.47 | 50.10 | 39.33 | 0.00 | 36.37 | 2.96 | 柚木饰面板 | m2 | 32.000 | 17.542 | 9.00 | 157.88 |
| | | | | | | | | | | | | | 铝塑板 | m2 | 107.000 | 6.313 | 120.00 | 757.56 |
| | | | | | | | | | | | | | 万能胶 | kg | 48.500 | 2.862 | 9.00 | 25.75 |

| 序号 | 定额编号 / 项目名称 | 单位 | 工程量 | | | | | | | | | 材料名称 | 单位 | 含量 | 用量 | 单价 | 合价 |
|---|---|---|---|---|---|---|---|---|---|---|---|---|---|---|---|---|---|
| 8 | 7B0114 不锈钢饰面零星项目 | 100m² | 0.056 | 1550.07 | 1409.15 | 0.00 | 140.92 | 87.42 | 79.48 | 0.00 | 7.95 | 玻璃胶 | 支 | 50.000 | 2.820 | 13.00 | 36.66 |
| | | | | | | | | | | | | 磨砂不锈钢 | m2 | 102.000 | 5.753 | 280.00 | 1610.78 |
| 9 | 7B0133 木夹板隔墙 木龙骨单面 | 100m² | 0.205 | 478.73 | 313.76 | 133.59 | 31.38 | 98.24 | 64.38 | 27.41 | 6.44 | 细木工板15AAA | m2 | 105.000 | 21.546 | 23.00 | 495.56 |
| | | | | | | | | | | | | 枋材 | m3 | 1.530 | 0.314 | 1300.00 | 408.14 |
| 10 | 7B0134 木夹板隔墙 木龙骨双面 | 100m² | 0.108 | 636.99 | 443.81 | 148.80 | 44.38 | 68.79 | 47.93 | 16.07 | 4.79 | 细木工板15AAA | m2 | 210.000 | 22.680 | 23.00 | 521.64 |
| | | | | | | | | | | | | 枋材 | m3 | 1.550 | 0.167 | 1300.00 | 217.62 |
| | [装天棚分部] | | | | | | | 2993.01 | 1916.63 | 967.08 | 109.31 | | | | | | 19146.87 |
| 1 | 7D0010 方木天棚龙骨吊在混凝土板下或梁下 | 100m² | 0.540 | 431.16 | 306.25 | 106.53 | 18.38 | 232.83 | 165.38 | 57.53 | 9.93 | 预埋铁件 | kg | 120.000 | 64.800 | 5.00 | 324.00 |
| | | | | | | | | | | | | 枋材 | m3 | 1.858 | 1.003 | 1300.00 | 1304.32 |
| 2 | 7D0066 木夹板面造型 R*2 | 100m² | 0.540 | 384.18 | 351.52 | 22.11 | 10.55 | 207.46 | 189.82 | 11.94 | 5.70 | 细木工板15AAA | m2 | 105.000 | 56.700 | 23.00 | 1304.10 |
| 3 | 7D0107 铝格栅吊顶规格(mm)150*150*5 | 100m² | 0.186 | 1000.13 | 437.18 | 536.72 | 26.23 | 186.02 | 81.32 | 99.83 | 4.88 | 吊件 | 个 | 102.000 | 18.972 | 5.00 | 94.86 |
| | | | | | | | | | | | | 角铝 | m | 86.960 | 16.175 | 3.50 | 56.61 |
| | | | | | | | | | | | | 铝格栅 | m2 | 102.000 | 18.972 | 150.00 | 2845.80 |
| | | | | | | | | | | | | 铝栅 | m | 1479.000 | 275.094 | 0.00 | 0.00 |
| 4 | 7D0080 石膏板安在U型轻钢龙骨上 | 100m² | 1.079 | 456.25 | 263.64 | 176.79 | 15.82 | 492.29 | 284.47 | 190.76 | 17.07 | 石膏板 | m2 | 105.000 | 113.295 | 16.00 | 1812.72 |
| 5 | 7D0020 装配式U型(不上人型轻钢龙骨面层规格(mm)600*600以上2~3级 | 100m² | 1.079 | 963.82 | 445.35 | 491.75 | 26.72 | 1039.96 | 480.53 | 530.60 | 28.83 | 装配式U型轻钢龙骨拉法基 | m2 | 103.000 | 111.137 | 18.00 | 2000.47 |
| 6 | 7D0083 石膏板贴在木夹板下 | 100m² | 0.540 | 400.71 | 365.20 | 13.60 | 21.91 | 216.38 | 197.21 | 7.34 | 11.83 | 枋材 | m3 | 0.073 | 0.079 | 1300.00 | 102.40 |
| | | | | | | | | | | | | XY401胶 | kg | 32.550 | 17.577 | 12.00 | 210.92 |
| 7 | 7D0092 15mm清玻璃面层 | 100m² | 0.400 | 1545.17 | 1294.77 | 172.71 | 77.69 | 618.07 | 517.91 | 69.08 | 31.08 | 石膏板 | m2 | 105.000 | 56.700 | 16.00 | 907.20 |
| | | | | | | | | | | | | | 支 | 59.900 | 23.960 | 13.00 | 311.48 |

| 序号 | 定额编号 | 分项工程名称 | 单位 | 工程量 | 基价 | 人工费 | 材料费 | 机械费 | 管理费 | 合价 | 人工费合计 | 材料费合计 | 机械费合计 | 管理费合计 | 主材名称 | 主材单位 | 定额消耗量 | 数量 | 单价 | 主材合价 |
|---|---|---|---|---|---|---|---|---|---|---|---|---|---|---|---|---|---|---|---|---|
|  |  |  |  |  |  |  |  |  |  |  |  |  |  |  | 胶合板五夹 | m2 | 105.000 | 42.000 | 0.00 | 0.00 |
|  |  |  |  |  |  |  |  |  |  |  |  |  |  |  | 15mm清玻璃 | m2 | 123.000 | 49.200 | 160.00 | 7872.00 |
|  |  | [装]门窗分部 |  |  |  |  |  |  |  | 435.33 | 374.35 | 4.86 |  | 56.12 |  |  |  |  |  | 2772.39 |
| 1 | 7E0009 | 门窗套线安装 | 100m | 0.316 | 92.07 | 66.68 | 15.39 |  | 10.00 | 29.09 | 21.07 | 4.86 |  | 3.16 | 窗套线60 | m | 105.000 | 33.180 | 10.50 | 348.39 |
| 2 | 7E0146 | 广告钉安装 | 10个 | 16.000 | 25.39 | 22.08 | 0.00 |  | 3.31 | 406.24 | 353.28 | 0.00 |  | 52.96 | 广告钉 | 个 | 10.100 | 161.600 | 15.00 | 2424.00 |
|  |  | [装]零星分部 |  |  |  |  |  |  |  | 370.15 | 250.99 | 94.07 |  | 25.09 |  |  |  |  |  | 8667.54 |
| 1 | 7F0055 | 实木装饰板（宽在100mm以内） | 100m | 0.625 | 152.22 | 109.96 | 31.26 |  | 11.00 | 95.14 | 68.73 | 19.54 |  | 6.88 | 实木装饰30*60 | m | 105.000 | 65.625 | 35.00 | 2296.88 |
| 2 | 7F0083 | 窗帘盒木夹板、装饰板双轨 | 100m | 0.058 | 898.03 | 514.91 | 331.63 |  | 51.49 | 52.09 | 29.86 | 19.23 |  | 2.99 | 铝合金窗帘轨 | m | 244.000 | 14.152 | 12.00 | 169.82 |
|  |  |  |  |  |  |  |  |  |  |  |  |  |  |  | 细木工板15AAA | m2 | 80.100 | 4.646 | 23.00 | 106.85 |
|  |  |  |  |  |  |  |  |  |  |  |  |  |  |  | 万能胶 | kg | 12.710 | 0.737 | 9.00 | 6.63 |
|  |  |  |  |  |  |  |  |  |  |  |  |  |  |  | 柚木饰面板 | m2 | 29.550 | 1.714 | 28.00 | 47.99 |
|  |  |  |  |  |  |  |  |  |  |  |  |  |  |  | 枋材 | m3 | 0.190 | 0.011 | 1300.00 | 14.33 |
| 3 | 7F0087 | 窗帘 | 10m² | 1.624 | 32.09 | 27.60 | 1.73 |  | 2.76 | 52.11 | 44.82 | 2.81 |  | 4.48 | 布窗帘（成品） | m2 | 10.200 | 16.565 | 150.00 | 2484.72 |
| 4 | 7F0099 | 筒灯打孔 | 10只 | 6.400 | 5.94 | 4.42 | 1.08 |  | 0.44 | 38.02 | 28.29 | 6.91 |  | 2.82 | 龙骨 | m | 2.000 | 12.800 | 1.00 | 12.80 |
| 5 | 7F0101 | 石材磨边加工指甲圆 | 10m | 0.520 | 120.72 | 55.20 | 60.00 |  | 5.52 | 62.77 | 28.70 | 31.20 |  | 2.87 | 花岗石（毛板）黑金沙（大板） | m2 | 0.200 | 0.104 | 480.00 | 49.92 |
| 6 | 7F0055 | 实木装饰板（宽在100mm以内） | 100m | 0.460 | 152.22 | 109.96 | 31.26 |  | 11.00 | 70.02 | 50.58 | 14.38 |  | 5.06 | 实木装饰40*80 | m | 105.000 | 48.300 | 72.00 | 3477.60 |
|  |  | [装]油漆分部 |  |  |  |  |  |  |  | 1298.24 | 1216.37 | 81.87 |  | 0.00 |  |  |  |  |  | 6600.45 |
| 1 | 7G0088 | 刷亚光硝基清漆二遍其他木材面 | 100m² | 0.634 | 221.95 | 218.15 | 3.80 |  | 0.00 | 140.72 | 138.31 | 2.41 |  | 0.00 | 硝基稀释剂 | kg | 22.850 | 14.487 | 38.00 | 550.50 |
|  |  |  |  |  |  |  |  |  |  |  |  |  |  |  | 亚光硝基清漆 | kg | 9.840 | 6.239 | 38.00 | 237.07 |
| 2 | 7G0089 | 刷亚光硝基清漆二遍门窗套线 | 100m | 0.316 | 87.09 | 85.89 | 1.20 |  | 0.00 | 27.52 | 27.14 | 0.38 |  | 0.00 | 硝基稀释剂 | kg | 4.560 | 1.441 | 38.00 | 54.76 |

| 序号 | 定额编号 | 项目名称 | 单位 | | | | | | | | | | 材料名称 | 单位 | | | | |
|---|---|---|---|---|---|---|---|---|---|---|---|---|---|---|---|---|---|---|
| 3 | 7G0093 | 每减加一遍亚光硝基清漆其他木材面 | 100m² | 0.634 | 100.09 | 99.14 | 0.95 | 0.00 | 63.46 | 62.85 | 0.60 | 0.00 | 亚光硝基清漆 | kg | 1.920 | 0.607 | 38.00 | 23.06 |
| | | | | | | | | | | | | | 硝基稀释剂 | kg | 11.730 | 7.437 | 38.00 | 282.60 |
| 4 | 7G0094 | 每减加一遍亚光硝基清漆门窗套线 | 100m | 0.316 | 39.38 | 39.08 | 0.30 | 0.00 | 12.44 | 12.35 | 0.09 | 0.00 | 亚光硝基清漆 | kg | 5.050 | 3.202 | 38.00 | 121.66 |
| | | | | | | | | | | | | | 硝基稀释剂 | kg | 2.280 | 0.720 | 38.00 | 27.38 |
| 5 | 7G0090 | 刷亚光硝基清漆二遍踢脚板 | 100m | 0.438 | 56.96 | 55.86 | 1.10 | 0.00 | 24.95 | 24.47 | 0.48 | 0.00 | 亚光硝基清漆 | kg | 0.960 | 0.303 | 38.00 | 11.53 |
| | | | | | | | | | | | | | 硝基稀释剂 | kg | 4.200 | 1.840 | 38.00 | 69.90 |
| 6 | 7G0095 | 每减加一遍亚光硝基清漆踢脚板 | 100m | 0.438 | 25.67 | 25.39 | 0.28 | 0.00 | 11.24 | 11.12 | 0.12 | 0.00 | 亚光硝基清漆 | kg | 1.770 | 0.775 | 38.00 | 29.46 |
| | | | | | | | | | | | | | 硝基稀释剂 | kg | 2.100 | 0.920 | 38.00 | 34.95 |
| | | | | | | | | | | | | | 亚光硝基清漆 | kg | 0.880 | 0.385 | 38.00 | 14.65 |
| 7 | 7G0189 | 各基层面满刮腻子一遍 | 100m² | 2.235 | 72.24 | 59.83 | 12.41 | 0.00 | 161.46 | 133.72 | 27.74 | 0.00 | 滑石粉 | kg | 24.000 | 53.640 | 0.50 | 26.82 |
| | | | | | | | | | | | | | 腻子胶 | kg | 5.040 | 11.264 | 2.00 | 22.53 |
| 8 | 7G0190 | 各基层面满刮腻子每增加一遍 | 100m² | 2.235 | 45.45 | 36.87 | 8.58 | 0.00 | 101.58 | 82.40 | 19.18 | 0.00 | 滑石粉 | kg | 20.720 | 46.309 | 0.50 | 23.15 |
| | | | | | | | | | | | | | 腻子胶 | kg | 4.250 | 9.499 | 2.00 | 19.00 |
| 9 | 7G0196 | 找补腻子乳胶漆二遍各基层面 | 100m² | 2.235 | 71.77 | 67.12 | 4.65 | 0.00 | 160.41 | 150.01 | 10.39 | 0.00 | 乳胶漆 | kg | 27.810 | 62.155 | 28.00 | 1740.35 |
| 10 | 7G0199 | 乳胶漆每增减一遍各基层面 | 100m² | 2.235 | 24.87 | 24.29 | 0.58 | 0.00 | 55.58 | 54.29 | 1.30 | 0.00 | 乳胶漆 | kg | 15.450 | 34.531 | 28.00 | 966.86 |
| 11 | 7G0190 | 各基层面满刮腻子每增加一遍 | 100m² | 2.235 | 45.45 | 36.87 | 8.58 | 0.00 | 101.58 | 82.40 | 19.18 | 0.00 | 滑石粉 | kg | 20.720 | 46.309 | 0.50 | 23.15 |
| | | | | | | | | | | | | | 腻子胶 | kg | 4.250 | 9.499 | 2.00 | 19.00 |
| 12 | 7G0229 | 刷防火涂料三遍木龙骨水平投影面积 | 100m² | 0.540 | 167.81 | 167.81 | 0.00 | 0.00 | 90.62 | 90.62 | 0.00 | 0.00 | 防火涂料 | kg | 38.500 | 20.790 | 23.00 | 478.17 |

| 序号 | 定额编号 | 分项工程名称 | 单位 | 工程量 | 单价基价 | 人工费 | 机械费 | 材料费 | 合价 | 人工费 | 材料费 | 机械费 | 主材名称 | 单位 | 定额用量 | 数量 | 单价 | 合价 |
|---|---|---|---|---|---|---|---|---|---|---|---|---|---|---|---|---|---|---|
| 13 | 7G0230 | 刷防火涂料三遍梁柱面及板面 | 100m² | 1.586 | 218.59 | 218.59 | 0.00 | 0.00 | 346.68 | 346.68 | 0.00 | 0.00 | 防火涂料 | kg | 50.000 | 79.300 | 23.00 | 1823.90 |
| | | 4F可视会议室安装工程，3类工程，C级取费 | | 1.00 | | | | | 5073.53 | 1808.06 | 2988.99 | 276.48 | | | | | | 6482.18 |
| | | 十三，照明器具 | | | | | | | 5073.53 | 1808.06 | 2988.99 | 276.48 | | | | | | 6482.18 |
| 1 | 2-1549 | 安嵌入式点光源艺术灯(Φ150) | 10套 | 4.400 | 185.52 | 54.76 | 0.00 | 130.76 | 816.29 | 240.94 | 575.34 | 0.00 | 筒灯 | 套 | 10.100 | 44.440 | 35.00 | 1555.40 |
| 2 | 2-1550 | 安嵌入式点光源艺术灯(Φ200) | 10套 | 0.200 | 192.58 | 61.82 | 0.00 | 130.76 | 38.52 | 12.36 | 26.15 | 0.00 | 双头石英灯 | 套 | 10.100 | 2.020 | 80.00 | 161.60 |
| 3 | 2-1496 | 安吸顶玻璃罩灯(半周1.5m，长0.4m内) | 10套 | 4.000 | 876.08 | 328.99 | 69.12 | 477.97 | 3504.32 | 1315.96 | 1911.88 | 276.48 | 环形吸顶灯 | 套 | 10.100 | 40.400 | 86.00 | 3474.40 |
| 4 | 2-1523 | 安荧光灯沿 | 10m | 3.240 | 117.43 | 43.28 | 0.00 | 74.15 | 380.47 | 140.23 | 240.25 | 0.00 | 成套荧光灯 | 套 | 8.080 | 26.179 | 25.00 | 654.48 |
| 5 | 2-1549 | 安嵌入式点光源艺术灯(Φ150) | 10套 | 1.800 | 185.52 | 54.76 | 0.00 | 130.76 | 333.94 | 98.57 | 235.37 | 0.00 | 单头石英灯 | 套 | 10.100 | 18.180 | 35.00 | 636.30 |
| | | 卫生器具制作安装 | | | | | | | 0.00 | 0.00 | 0.00 | 0.00 | | | | | | 0.00 |

表5-9  三材汇总表

××办公楼装饰(4F可视会议室)

| 材料名称 | 单位 | 材料耗用量 | | | 临设摊销量 | | 合计 | 工程特征 |
|---|---|---|---|---|---|---|---|---|
| | | 工程 | 脚手架 | 模板 | 金额 | 0.080 | | |
| | | | | | 每万元 | 小计 | | |
| 钢材 | T | 0.000 | 0.000 | 0.000 | 0.91 | 0.073 | 0.073 | 4F可视会议室 3类工程 C级取费 |
| 原木 | M3 | 0.000 | 0.000 | 0.000 | 1.82 | 0.000 | 0.000 | |
| 水泥 | T | 0.000 | | | 3.25 | 0.000 | 0.000 | |
| 砖 | 千匹 | 0.000 | | | 16.68 | 0.000 | 0.000 | |
| 材料名称 | 单位 | 材料耗用量 | | | 临设摊销量 | | 合计 | 工程特征 |
| | | 工程 | 脚手架 | 模板 | 金额 | 0.041 | | |
| | | | | | 每万元 | 小计 | | |
| 钢材 | T | 0.000 | 0.000 | 0.000 | 0.91 | 0.037 | 0.037 | 4F可视会议室安装工程 3类工程 C级取费 |
| 原木 | M3 | 0.000 | 0.000 | 0.000 | 1.82 | 0.000 | 0.000 | |
| 水泥 | T | 0.000 | | | 3.25 | 0.000 | 0.000 | |
| 砖 | 千匹 | 0.000 | | | 16.68 | 0.000 | 0.000 | |

表5-10  计价材料价差输入表

××办公楼装饰(4F可视会议室)

| 序号 | 名称 | 单位 | 耗量 | 预算价 | 结算价 | 价差 | 价差合价 |
|---|---|---|---|---|---|---|---|
| | 4F可视会议室 3类工程 C级取费 | | | | | | 0.00 |
| 1 | 综合工日(装饰) | 工日 | 316.865 | 22.08 | 22.080 | 0.00 | 0.00 |
| 2 | 临设摊销钢材 | T | 0.073 | 2400.00 | 2400.000 | 0.00 | 0.00 |
| 3 | 临设摊销水泥 | T | 0.259 | 230.00 | 230.000 | 0.00 | 0.00 |
| 4 | 临设摊销原木 | m3 | 0.145 | 500.00 | 500.000 | 0.00 | 0.00 |
| 5 | 临设摊销标砖 | 千匹 | 1.332 | 160.00 | 160.000 | 0.00 | 0.00 |
| | 4F可视会议室安装工程 3类工程 C级取费 | | | | | | 0.00 |
| 1 | 临设摊销钢材 | T | 0.037 | 2400.00 | 2400.000 | 0.00 | 0.00 |
| 2 | 临设摊销水泥 | T | 0.133 | 230.00 | 230.000 | 0.00 | 0.00 |
| 3 | 临设摊销原木 | m3 | 0.075 | 500.00 | 500.000 | 0.00 | 0.00 |
| 4 | 临设摊销标砖 | 千匹 | 0.685 | 160.00 | 160.000 | 0.00 | 0.00 |

表5-11  独立费表

××办公楼装饰(4F可视会议室)

| 费用名称 | 单位 | 数量 | 单价 | 合价 |
|---|---|---|---|---|
| 独立费 | | | | 0.00 |
| 独立费 | | | | 0.00 |

表5-12 审核意见表

××办公楼装饰(4F 可视会议室)

| 建设单位审核意见 | |
|---|---|
| 施工单位对审核结果的意见 | |
| 审批单位意见 | |

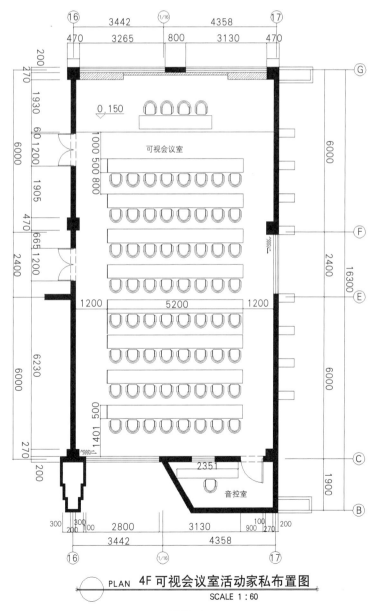

PLAN 4F 可视会议室活动家私布置图

SCALE 1 : 60

图5-4

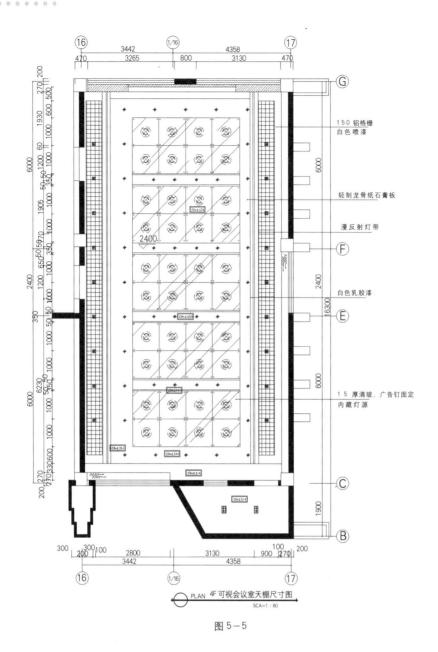

150 铝格栅
白色喷漆

轻制龙骨纸石膏板

漫反射灯带

白色乳胶漆

15 厚清玻，广告钉固定
内藏灯源

PLAN 4F 可视会议室天棚尺寸图
SCA=1：80

图 5－5

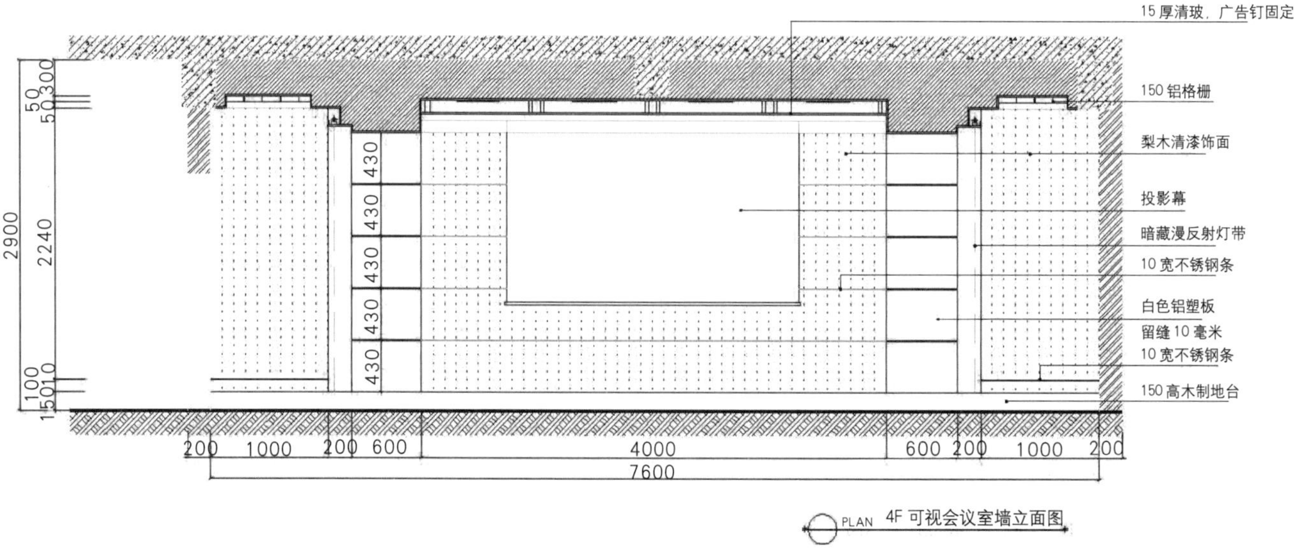

15 厚清玻，广告钉固定

150 铝格栅

梨木清漆饰面

投影幕

暗藏漫反射灯带

10 宽不锈钢条

白色铝塑板
留缝10 毫米
10 宽不锈钢条

150 高木制地台

PLAN 4F 可视会议室墙立面图

图 5－6

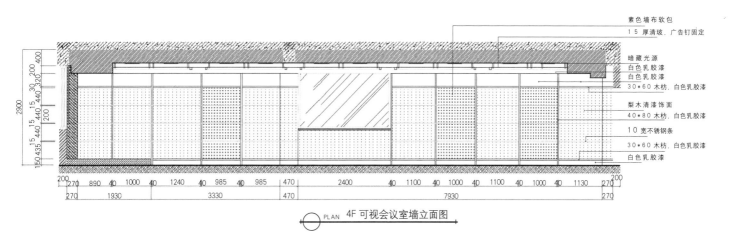

PLAN　4F 可视会议室墙立面图

图 5-7

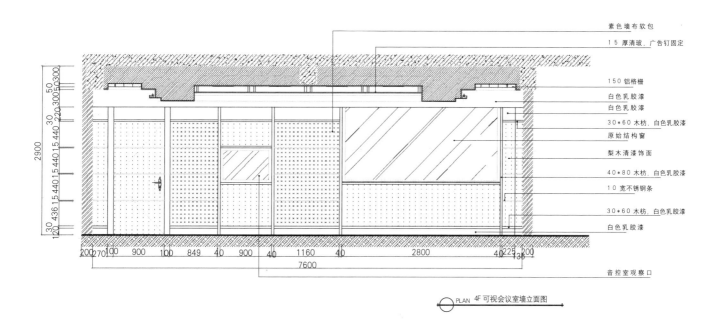

PLAN　4F 可视会议室墙立面图

图 5-8

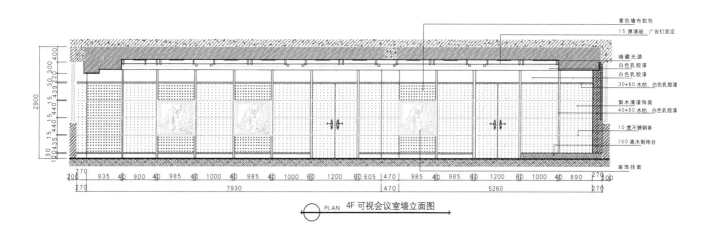

PLAN　4F 可视会议室墙立面图

图 5-9

# 单 元 教 学 导 引

| | |
|---|---|
| **目标** | 学生通过学习，了解装饰工程施工图预算编制的重要性，掌握装饰工程施工图预算编制的原理与编制方法，并能在相关作业练习中巩固理论知识，提高其编制技能，为今后走向社会在实际的工作中能较熟练的运用打下基础。 |
| **重点** | 本教学单元中的"装饰工程施工图预算的编制"是应该把握的重点，也是本教材的重点之一。因为装饰工程施工图预算编制是装饰工程预算中的重要阶段，也是最重要的环节，装饰工程施工图预算编制的准确度将决定着装饰工程预算的成败。而"装饰工程施工图预算的编制"是对装饰工程预算的标准运用，只有认真学习、研讨、积累，才能不断提高编制装饰工程预算的准确性与装饰工程效益的产生。 |
| **注意事项提示** | 1. 教师讲授时应特别强调该单元内容的重要性，多用工程实例辅助讲解，并在作业练习阶段对学生进行逐个辅导，引导学生掌握正确的装饰工程施工图预算的编制和方法。<br>2. 在教学过程中重在培养学生的综合思维能力。 |
| **小结要点** | 学习装饰工程施工图预算的编制要求牢固树立预算准确性是关键的观念，装饰工程施工图预算的编制是装饰工程预算的标本，在良好的施工图依据前提下，通过合理装饰工程施工图预算的编制才能取得装饰工程预算的成功。要真正搞好装饰工程施工图预算的编制，方法步骤一定要正确，并在不断的学习中有意识地培养自己的装饰工程施工图预算的编制能力。 |

**为学生提供的思考题：**

1. 为什么装饰工程施工图预算的编制是装饰工程预算的标本和重要环节？

2. 为什么说装饰工程预算中，装饰工程施工图预算的编制是装饰工程计算的重要构成因素？

3. 为什么说装饰工程施工图是装饰工程预算的编制的主要依据，由施工图纸、施工方案或施工组织设计组成？

**为学生课余时间准备的作业练习题：**

用室内装饰工程实例进行装饰工程分项及工程量的计算练习，以巩固所学知识，体验装饰工程分项及工程量的计算的基本法则。

**本单元作业命题：**

用室内装饰工程实例进行装饰工程施工图预算的编制练习，体验装饰工程施工图预算的编制。

**作业命题设计的原因：**

因为室内装饰工程是最重要且应用最广泛的装饰工程，可行性强，有现实指导性意义，所以了解、掌握装饰工程施工图预算的编制的形式特征，能为今后运用装饰工程预算打下坚实的基础。

**命题设计的具体要求：**

1. 将室内装饰工程实例作装饰工程施工图预算的编制练习，体验装饰工程施工图预算的编制的形式特征。

2. 采取课内与课外完成相结合的方式，在体验装饰工程施工图预算的编制阶段尽可能在教师的指导下完成，便于学生在预算过程中更好地掌握装饰工程施工图预算的编制的规律。

**作业规范与制作要求：**

以某酒店餐厅的室内装饰工程实例进行装饰工程施工图预算的编制练习，做到准确和规范。

**单元作业小结要点：**

评判班级学生对装饰工程施工图预算的编制作业投入的认真程度以及是否做到装饰工程施工图预算的编制的实用与准确。

总结学生对装饰工程施工图预算的编制的准确度以及是否体验到装饰工程施工图预算的编制的实用性与可行性。

作业是否能达到学生学习装饰工程施工图预算的编制的预期效果。

# 装 饰 装 修 工 程
# 工 程 量 清 单 与 计 价

## 一、装饰装修工程工程量清单

### (一)装饰装修工程工程量清单编制概述

装饰装修工程量清单(下文叙述中简称"工程量清单")是具有编制招标文件能力的招标人,或受其委托具有相应资质的中介机构所编制。工程清单作为招标文件的组成部分之一,是编制装饰工程招标标底价与投标报价的重要依据。

#### 1.一般规定

《计价规范》中,对工程量清单作出如下规定:

(1)工程量清单应由具有编制招标文件能力的招标人,或受其委托具有相应资质的中介机构进行编制。

(2)工程量清单体现了招标人要求投标人完成的工程项目及相应工程数量,全面反映了投标报价的要求,是投标人进行报价的依据,工程量清单应是招标文件不可分割的重要组成部分。

(3)工程量清单应反映拟建工程的全部工程内容及为实现这些工程内容而进行的其他工作。

#### 2.编制依据

(1)GB50500—2003《计价规范》(它是清单项目设置、项目编码和工程量计算规则的依据)。

(2)建筑装饰工程设计图纸、设计说明书及设计采用的通用图册。

(3)工程场地勘察报告及相关技术资料。

(4)工具书籍或手册等。

#### 3.编制原则

工程量清单具有很强的专业性,内容相当繁杂,在拟建项目招标投标活动中,约束招投标人双方的行为，是招投标活动的基础。因此，专业、完整、严谨的建筑装饰装修工程工程量清单，将直接关系到招标的质量，同时也决定着整个招投标活动的成败。介于其在招投标中如此重要的地位，工程量清单的编制工作应当严格遵循以下原则：

(1)编制主体资格。应当由具有编制招标文件能力的招标人或具有相应资质的中介机构进行编制。

(2)编制内容。必须能满足拟建项目的建筑装饰装修工程项目招标和投标计价的需要。

(3)编制遵循一般原则。必须遵循《计价规范》的各项规定(包括项目编码、项目名称、计量单位、计算规则、工程内容等)和要求(包括规范管理、方便管理和计价的要求)。

(4)效率原则。必须满足控制实物工程量，市场竞争形成价格的运行机制和对工程造价进行合理确定与有效控制的要求。

(5)效益原则。必须有利于规范建设市场的计价行为，能够促进企业的经营管理、技术进步，实际上增加企业利润以促进企业竞争的综合能力、社会信誉度以及在国内外建设的竞争力。

(6)适度原则。必须适度考虑我国目前工程造价管理工作的现状——工程清单计价与工程定额计价双轨并行和交叉运行。

## (二) 装饰装修工程工程量清单的内容

装饰装修工程工程量清单编制是指将已经计算完毕的各个分部分项工程数量、措施项目数量、其他项目数量、零星工作项目数量等，填写在上述各种表格中的全过程。装饰装修工程工程量清单由各类不同表格组合而成，各表格内容分述如下：

### 1．封面

按照《计价规范》规定，封面格式既可作内封，也可作外封。实践中，一些大型招标工程更多作为内封，外封仅标注工程名称、工程量清单及招标单位名称以及时间。封面各项内容均由招标人填写。封面见表6-1。

表6-1　工程量清单封面

| 工程量清单 | |
|---|---|
| 招　标　人：_____ | (单位签字盖章) |
| 法定代表人：_____ | (签字盖章) |
| 造价工程师 | |
| 及注册证号：_____ | (签字执业专用盖章) |
| 编制时间：　　　年　　月　　日 | |

## 2. 填表须知

填表须知见表 6-2。

表 6-2

---

**填表须知**

告知招标人应当按照规定完成的内容和作法编制工程量清单，具体规定如下：

(1)工程量清单及其计价格式中所有要求签字、盖章的地方，必须由规定的单位和人员签字、盖章。

(2)工程量清单及其计价格式中的任何内容不得随意删除或涂改。

(3)工程量清单计价格式中列明的所有需要填报的单价和合价，投标人均应填报，未填报的单价和合价，视为此项费用已包含在工程量清单的其他单价和合价中。

(4)金额(价格)均应以人民币表示。

---

## 3. 总说明

总说明见表 6-3。

表 6-3

---

**总说明**

工程量清单总说明的具体内容没有固定格式，一般根据拟招标工程的具体情况完成，主要包括招标人用于说明拟招标工程的工程量概况、建设规模、工程结构、建设地点、招标范围、工程质量要求、工程量清单的编制依据、主要材料的来源等。

---

## 4. 分部分项工程量清单

工程量清单是通过计算拟定进行建筑装饰工程项目工程数量的一种规定表格。招标人对此规定表格应当严格按照《计价规范》要求的四个"统一"进行编制——项目编码统一、项目名称统一、计量单位统一、工程量计算规则统一，这是不得因具体情况不同而随意变动的强制性规定。分部分项工程量清单见表 6-4。

## 5. 措施项目清单

发生于某工程施工前和施工中，且不构成工程实体项目的有关技术、生活、安全、环境保护等方面的措施费用就是措施项目。编制人在完成措施项目清单时，应当综合考虑施工前和施工中的各类因素，除工程本身外，与施工所关联的水文、气象、环境、安全，以及施工企业的实际情况等其他实践因素，均应按照《计价规

表6-4 分部分项工程量清单

工程名称：×××酒店（大厅）

| 序号 | 项目编码 | 项目名称 | 计量单位 | 工程数量 |
|---|---|---|---|---|
| | | 楼地面工程 | | |
| 1 | 020101001001 | 20mm 水泥砂浆找平<br>2 铺 800*800 洞石 | | 101.00 |
| …… | …… | …… | | |
| | | 墙、柱面工程 | | |
| 3 | 020507001001 | 墙面<br>（1）刮大白<br>（2）"多乐士"牌乳胶漆 3 遍 | | 282.8 |
| …… | …… | …… | | |
| | | 柱面 | | |
| 3 | 020205001001 | 20mm 水泥砂浆找平<br>L50 热镀锌角钢骨架<br>柱面 20mm 洞石干挂 | | 584.25 |
| …… | …… | | | |
| | | 天棚 | | |
| 4 | 020302001002 | 吊顶形式：藻井式<br>龙骨：50 轻钢龙骨<br>面层：白色铝塑板 | | 18.9 |
| 5 | 020302001004 | 吊顶形式：平顶<br>龙骨：50 轻钢龙骨<br>面层：白色铝塑板 | | 82.1 |
| …… | …… | | | |
| | | 门 | | |
| 8 | 020101001001 | 电子感应门：<br>12mm 厚钢化玻璃门<br>电磁感应器（日本） | 樘 | |
| …… | …… | | | |
| | | 其他 | | |
| …… | …… | | | |

范》中的措施项目一览表列出，以作为编制拟建工程措施项目清单的参考。措施项目清单见表6-5。

表6-5 措施项目清单

| 序号 | 项目名称 | 计量单位 | 工程量 |
|---|---|---|---|
| 1 | 临时设施 | | |
| 2 | 环境保护 | | |
| 3 | 施工排水、降水 | | |
| 4 | 文明施工 | | |
| 5 | 安全施工 | | |
| 6 | 其他设施费 | | |
| …… | | | |

## 6. 其他项目清单

除分部分项工程量清单和措施项目清单外，该项目工程装饰施工中还可能发生的其他有关费用项目就是其他项目清单。具体工程项目诸多因素的差异，直接影响着其他项目清单内容。《计价规范》中仅列出了预留金、材料购置费、总承包服务费、零星工作项目费四项参考内容。在实际工作中，如遇到上述四项以外的项目，编制人可根据实际自行补充，补充项目列在清单项目之后，以"补"字在"序号"栏中示出。其他项目清单见表 6-6。

**表6-6 其他项目清单**

| 序号 | 项目名称 | 数量（元） | 序号 | 项目名称 | 数量（元） |
|---|---|---|---|---|---|
| | 招标人 | | | 投标人 | |
| 1 | (a) 预留金 | | 3 | (c) 总承包服务费 | |
| 2 | (b) 材料购置费 | | 4 | (d) 零星工作项目费 | |
| …… | …… | | …… | …… | |
| …… | XXX | | …… | XXX | |

**7. 零星工作项目表**

《计价规范》第3.4.2条：零星工作项目表应根据拟建工程的具体情况，详细列出人工、材料、机械的名称、计量单位和相应数量，并随工程量清单发至投标人。这表明允许招标人以暂估的方式提供计算零星工作项目费用的清单，以便有效控制工程造价。零星工作项目见表6-7。

**表6-7 零星工作项目表**

工程名称：×××酒店（大厅）

| 序号 | 名称 | | 计量单位 | 数量 |
|---|---|---|---|---|
| 1 | 1.人工<br>(1) 木工、水电工…<br>(2) 搬运工<br>(3) ……<br>(4) …… | | 工日<br>工日 | 284.00<br>30.00 |
| | 小 计 | | | |
| 2 | 2.材料<br>(1) 板材<br>(2) 50 轻钢龙骨<br>(3) 蓝色平板玻璃5<br>(4) 钢化玻璃12mm<br>(5) ……<br>(6) …… | | m | 286.00<br>196.00<br>298.00<br>102.00 |
| | 小 计 | | | |
| 3 | 3.机械<br>(1) 石料切割机<br>(2) ……<br>(3) …… | | 台班<br>台班 | 95.00<br>xxx |
| | 小 计 | | | |
| | 合 计 | | | |

## 二、装饰装修工程工程量清单计价

### （一）装饰装修工程工程量清单计价概述

装饰装修工程工程量清单计价（下文叙述中简称"工程量清单计价"）是指投标人根据招标人在招标文件中提供的工程量清单、企业定额和市场价格信息计算投标报价的过程。工程量清单计价是改革和完善工程价格管理体制的一个重要组成部分。

工程量清单计价是在建设工程招标中,首先由招标人或委托具有资质的中介机构提供根据统一计价项目设置、统一计量规则和统一计量单位,并按照规定格式完成的项目实物工程量清单给投标人,再由投标人根据上述工程量清单,综合工程的实际以及市场需求等各类因素,提出的包括成本、利润和税金在内的综合单价,并因此形成工程价格。

工程量清单计价采用实物计价法,并遵循四统一原则,即统一项目编码、统一项目名称、统一计量单位、统一工程计量方法。在工程量清单计价中,工程造价由分部分项工程费、措施项目费、其他项目费以及规费、税金等组成。根据《建设工程工程量清单计价规范》（GB50500—2003）的相关规定,工程量清单应采用综合单价计价,即采用人工费、材料费、机械费、管理费、利润和税金等构成的综合单价计价。

### （二）装饰装修工程工程量清单计价的特点

采用工程量清单计价招标,能够有效地把经济、技术、质量、进度、风险等各种因素充分具体化并以确定综合单价的方式表现出来。相对于与传统的计价方式,装饰装修工程工程量清单计价的特点主要表现在:

#### 1．统一计价规则,有效规范计价行为

通过制定统一的建筑装饰工程工程量清单计价方法、统一的工程量计量规则、统一的工程量清单项目设置规则,并且这些规则都属强制性的,能够有效地规范计价行为。

#### 2．优化资源配置,有效控制消耗总量

通过政府发布统一的社会平均消耗量指导标准,为企业提供一个社会平均尺度,避免企业盲目减少或扩大消耗量,优化有限资源的配置,达到保证工程质量的目的。

#### 3．彻底放开价格,引入竞争机制,由市场决定价格

全面放开工程消耗量定额中的工、料、机价格以及利润、管理费等,由市场决定价格。建立与国际惯例接轨的工程量清单计价模式,引进竞争型机制,制定衡量投标报价合理标准,在保证质量和工期的前提下,按照国家《招标投标法》及有关条款规定,最终以"不低于成本"的合理低价者中标。

#### 4．业主可以有效控制投资

采用工程量清单计价的方法,在出现设计变更或工程量增减时,业主能及时知道对工程造价影响的大小,有利于业主根据投资情况决定最恰当的处理方法,有效控制造价。

### （三）装饰装修工程工程量清单计价的作用

#### 1．引入市场竞争机制，真正实现市场决定价格

在招标中，投标企业必须综合考虑各项可能的因素后给出报价，诸如招标方的需求，国家和业内的规定，企业本身的实力，招标工程的实际情况等施工期间可以预见的各类情形。企业只有综合分析上述因素可能造成的影响，才能使投标报价最大限度地符合工程实际及市场环境。实行工程量清单计价，让企业在公开、公平、公正的环境中竞争，更有效地保证招投标企业投标定价的自主权，投标企业承担报价的风险与责任，真正实现市场决定价格。

#### 2．实现资源优化配置，帮助招标方获得合理造价

工程量清单计价本身就是在市场竞争中才形成最终的价格，这也必然要求企业在招标中竞争报价。这种模式为那些实力强、技术高、诚信好、成本合理的企业在竞争中创造了更多的中标机会。同时也让招标方可以有效地控制成本，实现社会资源的优化配置，最终可能以最合理的造价达到目的。

#### 3．促进企业自身发展以及整个行业的优胜劣汰

在工程量清单计价的运行模式中，投标企业要想获得工程，就必须改善经营管理，提高科技水平，合理降低成本。为了在优胜劣汰的竞争中生存和发展，企业必须通过分析成本、利润等因素，小心求证，谨慎选择施工方案，综合企业定额，优化人、料、机的配置，减少施工中不必要的支出，提高企业自身的综合实力。每一个装饰装修工程的质量、造价和工期都必然存在联系。实行工程量清单计价，才可能最大限度地保证完成的工程有"质"有"量"，帮助企业树立良好的形象，最终有效地提高我国装饰装修行业的整体水平。

#### 4．与国际惯例接轨，加快国内装饰装修主体外向型发展的步伐

全球化进一步加剧，加入WTO的中国必将进一步扩大对外开放。在装饰装修领域，只有采用国际通行的计价方法，才能为国内装饰装修主体创造与国际企业竞争的机会。国内企业在参与国际竞争的过程中，又将促进国内装饰装修工程整体水平的提高，在装饰装修的国际舞台上画出中国画卷。

### （四）装饰装修工程工程量清单计价的内容和程序

#### 1．装饰装修工程工程量清单计价的内容

根据《建设工程工程量清单计价规范》（GB50500—2003）规定，工程量清单计价价款包括完成招标文件规定的工程量清单项目所需的全部费用，主要包括分部分项工程费、措施项目费、其他项目费和规费、税费等五个部分。

(1)分部分项工程费：分部分项工程费是指工程量清单列出的各分部分项清单工程量所需的费用，包括人工费、材料费、机械费、管理费、利润以及风险费等。

(2)措施项目费：措施项目费是指措施项目一览表中确定的工程措施项目金额的总和，包括人工费、材料费、机械费、管理费、利润以及风险费等。

(3)其他项目费：其他项目费是指预留金、材料购置费、总承包服务费、零星工作项目费。

(4)规费：规费是指由政府及其相关部门规定应当缴纳的费用。

(5)税费：税费是指税法规定的，应计入建筑安装工程造价内的费用，包括营

业税、城乡维护建设税及教育费附加等。

工程量清单计价的内容如图6-1所示。

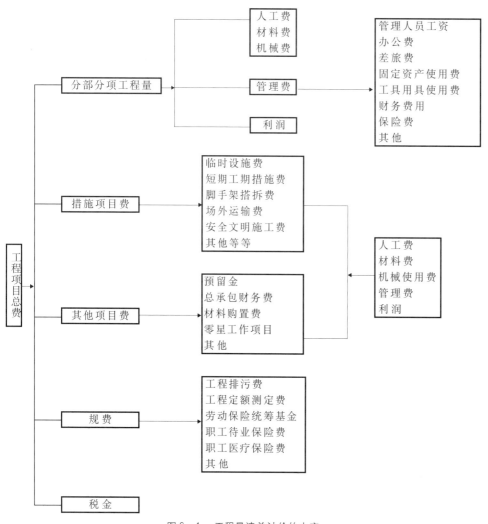

图6-1 工程量清单计价的内容

### 2. 装饰装修工程工程量清单计价的程序

工程量清单计价作为一种市场价格的形成机制，其计价程序分为：

(1)根据统一的工程量计算规则，制定工程量清单项目设置规则；根据具体的施工图，计算出各个清单项目的工程量。

(2)综合工程造价信息和经验数据计算出工程造价。

计算过程如图6-2所示。

工程量清单计价的编制程序大致分为编制工程量清单格式和根据工程量清单编制投标报价两个部分。其中，投标报价是企业根据业主所提供的工程量计算结果，综合企业实际条件以及企业定额编制完成的。

《建设工程工程量清单计价规范》(GB 50500—2003)要求工程量清单采用综合单价计价。综合单价乘以工程量得出分部分项工程费，将各个分部分项工程费和措施项目费、其他项目费、规费、税金加以汇总，就是总造价。

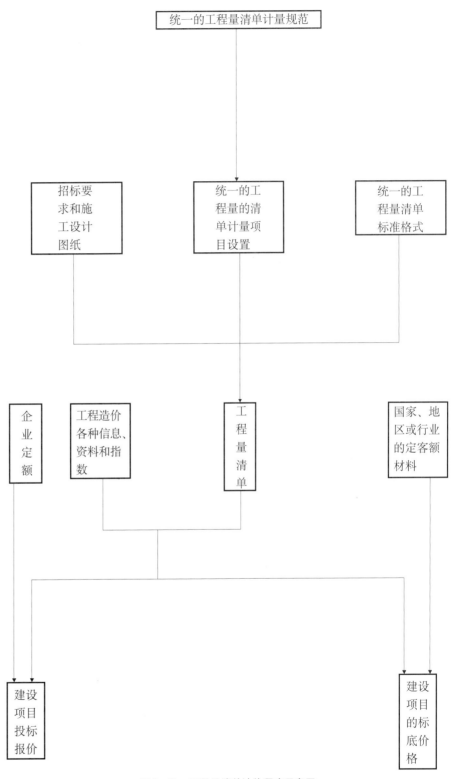

图 6-2　工程量清单计价程序示意图

上述由招标人提供工程量清单,投标人根据自己的实际情况投标报价以备招标人根据评标细则优选的计价方式的实质是将价格交由市场决定。这种计价模式目前已被发达国家普遍采用。随着全球化进程进一步深入我国的装饰装修市场,工程量清单计价方法也将会更加完善。

### (五)装饰装修工程工程量清单计价12类表格格式

工程量清单计价是投标人按照招标人提供的各项工程量清单,逐项计(报)价的各种表格。工程量清单计价主要由12类表格构成,以下分别述之。

#### 1.封面

封面由投标人按表中规定内容填写、签字、盖章。封面见表6-8。

**表6-8 工程量清单计价文件(封面)**

| |
|---|
| 工程量清单计 价 |
| 招 标 人:_____ (单位签字盖章) |
| 法定代表人:_____ (签字盖章) |
| 造价工程师 |
| 及注册证号:_____ (签字执业专用盖章) |
| 编制时间: 年 月 日 |

#### 2.投标总价

投标总价按工程项目总价表合计金额填写。投标总价见表6-9。

**表6-9 投标总价**

| |
|---|
| 投 标 总 价 |
| 建设单位:_____ |
| 工程名称:_____ |
| 投标总价(小写):_____ |
| (大写):_____ |
| 投 标 人:_____ (单位签字盖章) |
| 法定代表人:_____ (签字盖章) |
| 编 制 时 间:_____ |

#### 3.工程项目总价表

工程项目总价表的单项工程名称按照单项工程费汇总表的工程名称填写,金额按照单项工程费汇总表的合计金额填写。工程项目总价表见表6-10。

表6-10　工程项目总价表

工程名称：×××酒店（大厅）装饰装修工程第　　页共　　页

| 序号 | 单项工程名称 | 金额／元 |
|---|---|---|
| 1 | ×××酒店（大厅）装饰装修工程 | 399351.47 |
| 2 | …… | …… |
| …… | …… | …… |
| | 合计 | |

### 4. 单项工程费汇总表

单项工程名称按照单位工程费汇总表的工程名称填写，金额按照单位工程费汇总表的合计金额填写。单项工程费汇总表见表6-11。

表6-11　单项工程费汇总表

第　　页共　　页

| 序号 | 单项工程名称 | 金额／元 |
|---|---|---|
| 1 | 装修工程 | |
| 2 | 附属安装工程 | |
| …… | …… | |
| | 合计 | |

### 5. 单位工程费汇总表

单位工程费汇总表的金额分别按照分部分项工程量清单计价表、措施项目清单计价表、其他项目清单计价表的合计金额，以及按照相关规定计算出的规费、税金等填写。单位工程费汇总表见表6-12。

表6-12　单位工程费汇总表

第　　页共　　页

| 序号 | 单项工程名称 | 金额／元 |
|---|---|---|
| 1 | 分部分项工程量清单计价合计 | |
| 2 | 措施项目清单计价合计 | |
| 3 | 其他项目清单计价合计 | |
| 4 | 规费 | |
| 5 | 不含税工程造价 | |
| 6 | 税金 | |
| 7 | 含税设备费 | |
| 8 | 含税工程总造价 | |
| …… | …… | |
| | 合计 | |

### 6. 分部分项工程量清单计价表

分部分项工程量清单计价表的序号、项目编码、项目名称、计价单位、工程数量按照分部分项工程量清单中的相应内容填写。分部分项工程量清单计价表见表6-13。

表6-13　分部分项工程量清单计价表达

工程名称：×××酒店(大厅)装饰装修工程　　　第　页　共　页

| 序号 | 项目编码 | 项目名称 | 计量单位 | 工程量 | 金额／元 | |
|---|---|---|---|---|---|---|
| | | | | | 综合单价 | 合价 |
| 1 | | 楼地面工程 | | | | |
| 1-1 | 020101001001 | 20mm 水泥砂浆找平<br>铺 800×800 洞石 20<br>厚 1∶3 水泥沙浆找<br>平铺 600×1200 洞石 | 101.00 | | 498.44 | 50342.44 |
| | | 小　计 | | | | 50342.44 |
| 2 | | 墙、柱面工程 | | | | |
| 2-1 | 020507001001 | 墙面<br>(1)刮大白<br>(2)"多乐士"牌乳胶漆3遍 | 282.80 | | 28.00 | 7918.4 |
| | | 柱面 | | | | |
| 2-2 | 020205001001 | 20mm 水泥砂浆找平<br>L50 热镀锌角钢骨架<br>柱面 20mm 洞石干挂 | 584.25 | | 572.15 | 334278.63 |
| | | 小　计 | | | | 342197.03 |
| 3 | | 天棚 | | | | |
| 3-1 | 020302001002 | 吊顶形式：藻井式<br>龙骨：50 轻钢龙骨<br>面层：白色铝塑板 | 18.9 | | 49.0 | 926.1 |
| 3-2 | 020302001004 | 吊顶形式：平顶<br>龙骨：50 轻钢龙骨<br>面层：白色铝塑板 | 82.10 | | 49.0 | 4022.9 |
| | | 小　计 | | | | 4949 |
| 4 | | 门 | | | | |
| 4-1 | 020101001001 | 电子感应门：<br>12mm 厚钢化玻璃门<br>电磁感应器（日本） | 樘 | | | 1863.00 |
| | | 小　计 | | | | 1863.00 |

### 7．措施项目清单计价表

措施项目清单计价表的序号、项目名称按照措施项目清单中的相应内容填写，增加的项目由投标人根据施工组织设计采取的实际措施填写。措施项目清单计价表见表6-14。

表6-14　措施项目清单计价表

第　页　共　页

| 序号 | 单项工程名称 | 金额／元 |
|---|---|---|
| 1 | 临时设施 | |
| 2 | 环境保护 | |
| 3 | 施工排水、降水 | |
| 4 | 文明施工 | |
| 5 | 安全施工 | |
| 6 | 其他设施费 | |
| 7 | …… | |

### 8．其他项目清单计价表

其他项目清单计价表的序号、项目名称按照其他项目清单中的相应内容填写。其中，有关招标人部分的金额可以按照估算金额确定；有关投标人部分的总承包服务费根据招标人提出要求所发生的实际费用确定；零星工作项目费根据"零星工作项目计价表"确定。其他项目清单计价表见表6-15。

表6-15 其他项目清单计价表

第 页共 页

| 序号 | 单项工程名称 | 金额／元 |
|---|---|---|
| 1 | 招标人 | |
| 1.1 | 预留金 | |
| 1.2 | 材料购置费 | |
| 1.3 | 其他 | |
| 1.4 | | |
| | 小 计 | |
| 2 | 投标人 | |
| 2.1 | 总承包服务费 | |
| 2.2 | 零星工作项目费 | |
| 2.3 | 其他 | |
| 2.4 | | |
| | 小 计 | |
| | 合 计 | |

### 9. 零星项目计价表

零星项目计价表的人工、材料、机械名称、计量单位和相应数量按零星工作项目表中相应的内容填写，零星工作费的结算按照实际完成的工程量费用计算。零星项目计价表见表6-16。

表6-16 零星项目计价表

第 页共 页

| 序号 | 名称 | 计量单位 | 工程量 | 金额／元 | |
|---|---|---|---|---|---|
| | | | | 综合单价 | 合价 |
| 1 | 人工费 | | | | |
| 1.1 | | 元 | | | |
| | 小 计 | | | | |
| 2 | 材料费 | | | | |
| 2.1 | | 元 | | | |
| | 小 计 | | | | |
| 3 | 机械费 | | | | |
| 3.1 | | 元 | | | |
| | 小 计 | | | | |
| | 合 计 | | | | |

**10．分部分项工程量清单综合单价分析表**

分部分项工程量清单综合单价分析表由投标人根据招标人提出的实际要求填写。分部分项工程量清单综合单价分析表见表6-17。

表6-17　分部分项工程量清单综合单价分析表

工程名称：×××酒店（大厅）装饰装修工程　　　第　页　共　页

| 序号 | 项目编码 | 项目名称 | 工程内容 | 价格分析组成／元 | | | | | 小计 |
|---|---|---|---|---|---|---|---|---|---|
| | | | | 人工费 | 材料费 | 机械费 | 管理费 | 利润 | |
| 1 | 020101001001 | 20mm水泥砂浆找平2铺800×800洞石20厚1:3水泥沙浆找平铺600×1200洞石 | 垫层铺设 面层铺设 | 1.5 11 | 6.04 600.7 | 0.5 0.5 | 0.3 2.0 | 0.5 5.0 | |
| | | | 小计 | 12.5 | 606.74 | 1.0 | 2.3 | 5.5 | |
| 3 | 020507001001 | 墙面刮大白"多乐士"牌乳胶漆3遍 | 基层清理 刮腻子 刷、喷涂料 | 6.2 2.8 3.1 | 6.6 1.7 4.3 | 0.3 | 1.6 0.8 0.61 | 2.7 1.3 0.9 | |
| | | | 小计 | 12.1 | 12.6 | 0.3 | 2.2 | 14.9 | |
| 4 | 020205001001 | 20mm水泥砂浆找平L50热镀锌角钢骨架柱面20mm洞石干挂 | 基层清理 砂浆制作 铺贴、干挂 | 41.2 | 523.1 | 8.1 | 12.12 | 21.2 | |
| | | | 小计 | 41.2 | 523.1 | 8.1 | 12.12 | 21.2 | |
| 5 | 020302001002 | 吊顶形式：藻井式龙骨：50轻钢龙骨面层：白色铝塑板 | 小计 | | | | | | |
| 6 | 020302001004 | 吊顶形式：平顶龙骨：50轻钢龙骨面层：白色铝塑板 | 小计 | | | | | | |
| 7 | 020101001001 | 电子感应门：12mm厚钢化玻璃门电磁感应器（日本） | | | | | | | |
| 8 | …… | …… | | | | | | | |

**11．措施项目费分析表**

在措施项目费分析表中，填写的单价须与工程量清单计价中采用的相应材料的单价一致，主要材料价格表（包括详细的材料编码、材料名称、规格型号和计量单位等）由招标人提供。措施项目费分析表见表6-18。

表6-18　措施项目费分析表

第　页　共　页

| 序号 | 措施项目名称 | 单位 | 数量 | 金额／元 | | | | | |
|---|---|---|---|---|---|---|---|---|---|
| | | | | 人工费 | 材料费 | 机械使用费 | 管理费 | 利润 | 小计 |
| 1 | 环境保护 | | | | | | | | |
| 2 | 安全及文明施工 | | | | | | | | |
| | 合计 | | | | | | | | |

### 12．主要材料价格表

主要材料价格表（包括详细的材料编码、材料名称、规格型号和计量单位等）中填写的单价须与工程量清单计价中采用的相应材料单价一致。主要材料价格表见表6-19。

表6-19　主要材料价格表

工程名称：×××酒店（大厅）装饰装修工程　　第　　页　共　　页

| 序号 | 材料编码 | 材料名称 | 规格、型号等特殊要求 | 单位 | 单价／元 |
|---|---|---|---|---|---|
| 1 | BBF0057 | 松木地板 | | m³ | 1050.00 |
| 2 | BBF0070 | 杂木板材 | | m³ | 1950.00 |
| 3 | BBZ0055 | 不锈钢扶手60 | | m | 25.00 |
| 4 | BCC0002 | 普通水泥32.5(R) | | t | 500.00 |
| …… | …… | | | | |

# 单 元 教 学 导 引

| 目标 | 通过任课教师课堂讲授及相关作业练习，使学生初步了解工程量清单与计价的概念、基本类别等理论知识，帮助学生认识并掌握工程量清单与计价的基本理论。 |
|---|---|
| 重点 | 在诸多教学要点中，工程量清单与计价作用是重点，因为只有清晰地认识工程量清单与计价，才能有效地把握工程量清单与计价在装饰工程中的实际效用，才能根据不同的设计环境空间对装饰材料加以运用或在其基础上设计、创作个性化的室内外装饰工程。 |
| 注意事项提示 | 1.在对重点章节理论阐述上任课教师一定要讲透，把握主次，突出重点，引导学生认识本单元教学的意图。<br>2.教师讲授时应注意将理论与实例结合，尽量利用多媒体教学方式，帮助学生更直观地理解并掌握课程内容。 |
| 小结要点 | 本单元是工程量清单与计价的基础知识，单元总结时首先要了解学生对本章节作为工程量清单与计价基本概念理论课程重要性的认识是否到位，学习主动性如何，投入程度怎样。其次，注意判断学生对本单元教学重点是否已有很好的把握。 |

**为学生提供的思考题：**

1. 为什么要学习装饰装修工程工程量清单与计价？它与装饰装修工程有何联系？

2. 有人说"对工程量清单与计价的把握，是设计师不可缺少的专业基本素质之一"，你怎么看？

3. 装饰装修工程工程量清单与计价的作用是本单元学习的重点，根据何在？

**为学生课余时间准备的作业练习题：**

以某装饰装修工程为实例，初步了解掌握工程量清单与计价的基本概念原理。

**为学生提供的本单元的参考书目及网站：**

1.《工程量清单报价实例精选》，郭成华 薛德侠，中国电力出版社，2006。

2.《装饰装修工程专业工程量清单计价手册》，樊瑜，中国电力出版社，2005。

3.《建筑装饰装修工程工程量清单计价一点通》，朱元祥 王俊平 宋振华 石敏洁，中国水利水电出版社，2007。

4. http://www.jstvu.edu.cn/ptjy/jxjw/jzgcxyc/zsgczjdg1.htm。

5. http://www.jianzhu114.cn/Soft/jzrj/200511/1672.html。

**本单元作业命题：**

1. 什么是装饰装修工程量清单？

2. 什么是装饰装修工程量清单计价？

3. 装饰装修工程量清单计价的特点是什么？

4. 装饰装修工程工程量清单计价的完成需要经过哪些的程序？

5. 简述装饰装修工程工程量清单计价的意义。

**作业命题设计的原由：**

工程量清单与计价在装饰装修工程中的应用相当广泛，具有重要的现实意义。建议结合装饰装修工程实例进行教学，要求学生课后进行笔答，以便初步了解学生对工程量清单与计价的概念、特点及作用等知识的掌握情况，为今后在编制工程量清单与计价时打下坚实的基础。

**命题作业的实施方式：**

采取课内外相结合的方式，以笔答的方式完成作业，便于学生在答题过程中更好地掌握工程量清单与计价的基本概念与作用。

**单元作业小结要点：**

1. 评判学生对作业完成的认真程度。

2. 总结学生对装饰装修工程量清单与计价基本理论知识的掌握程度。

**为任课教师提供的本单元相关作业命题：**

选择适合的装饰装修工程实例，分析装饰工程量清单与计价理论在现实案例中的具体体现。

# 后 记

本书编写过程中主要参考了《建筑装饰装修工程预算》《建筑装饰装修工程定额与预算》《建筑装饰装修工程预决算》《巴国布衣中餐操作手册》《建筑装饰装修工程预算》等书籍。书中图片除引用上述书籍中的部分图片外,还收录了www.jstvu.edu.cn/ptjy/jxjw/jzgcxyc/zsgczjdg1.htm等网站资料,由于无法与作者取得联系, 在此一并深表谢意。

拙著得到四川美术学院李巍教授、沈渝德教授的关心与大力帮助,西南师范大学出版社编辑为本书出版付出了艰辛劳动,谨在此表示衷心感谢。同时也要感谢帮助我编写的魏宁、贾湛泉、吴永胜、余春华、周小艺同志和提供相关资料的英图杰装饰工程有限公司。由于客观条件的影响以及时间的关系, 本教程难免有遗漏和差错, 敬请专家和读者批评、指正, 不胜感谢!

余学伟

**主要参考文献:**

重庆市建设委员会 《重庆市装饰工程计价定额》 2000年

赵延军编著 《建筑装饰装修工程预算》 机械工业出版社 2004年

武育秦 杨宾主编 《装饰工程定额与预算》 重庆大学出版社 2002年

朱维益编著 《最新建筑装饰装修工程预决算》 中国建筑工业出版社 2004年

张纯渝编著 《巴国布衣中餐操作手册:装修》 四川大学出版社 2003年

李怀方编著 《建筑装饰工程预算》 中国轻工业出版社 2001年

侯国华主编 《建筑装饰工程定额与预算》 天津科学技术出版社 1997年

朱艳 邱芃 汤建华等编著 《建筑装饰工程概预算教程》 中国建材工业出版社 2004年

郭成华 薛德侠主编 《工程量清单报价实例精选》 中国电力出版社 2007年

樊瑜等编著 《装饰装修工程专业工程量清单计价手册》 中国电力出版社 2005年

朱元祥 王俊平 宋振华 石敏洁主编 《建筑装饰装修工程工程量清单计价一点通》 中国水利水电出版社 2007年